视频图文学养殖丛书

散 养 鸡

绿色高效养殖技术

梁智选　主编

中国农业出版社
农村读物出版社
北 京

编 写 人 员

主　编　梁智选
副主编　李文钢　李　颖
编　者（以姓氏笔画为序）

马友福　王　虹　王　镇　王　犇
王立斌　王芳蕊　王健春　戈　成
尹久阳　尹春博　朱美红　刘　伟
孙　涛　孙冬冬　李　洁　李　颖
李文钢　李东春　杨　颖　杨爱华
张　颖　张双喜　周永燊　袁雪涛
曹　蕊　梁智选　韩克元　蒙晓雷

目 录

模块一 鸡的品种

■ 专题一   我国主要养殖的蛋鸡品种 ■

目前主要养殖的蛋鸡品种主要分为白壳蛋鸡、褐壳蛋鸡、粉壳蛋鸡和绿壳蛋鸡。白壳蛋鸡开产早、体型小、产蛋量高、耗料少，适合于高密度饲养，缺点是神经质和易受应激影响。褐壳蛋鸡的主要特点是高产蛋、体重大、抗应激能力强。粉壳蛋鸡的优点是产蛋量高、蛋重大、耗料少于褐壳蛋鸡，抗应激能力较强。绿壳蛋鸡属于蛋肉兼用性，其主要特点是生长速度快，适应性、抗病能力强，但产蛋率低。

一、白壳蛋鸡

鸡苗雌雄鉴别技术

白壳蛋鸡是蛋用型鸡的典型代表。国内外均以白壳蛋鸡的饲养数量最多，分布地区也最广。其产蛋量高，体积小，耗料少，产蛋的饲料报酬高；单位面积的饲养密度高；适应性强；蛋中血斑和肉斑率很低，适于集约化笼养管理。其缺点是蛋重小，神经质，胆小怕人，抗应激性较差；好动爱飞；啄癖多。

1. 京白 1 号   京白 1 号蛋鸡配套系是针对我国市场需要，经系统、持续选育而成的高产白壳蛋鸡配套系。其特点是成活率高、抗病性强、死淘率低；产蛋率高、产蛋多且维持时间长；耗料少，饲料转化率高；蛋品好，蛋壳颜色均匀、光亮，鸡蛋大小均匀，商品化率高，胚用率高（图1-1）。

图 1-1　京白 1 号蛋鸡

京白 1 号蛋鸡的主要生产性能：开产日龄约为 160 天，开产体重 1 270～1 370 克，入舍母鸡 72 周龄产蛋 250～270 枚，平均蛋重 58 克，料蛋比（2.4～2.5）∶1。0～20 周龄成活率为 92%，20 周龄体重 1 350～1 400 克，21～72 周龄存活率 90% 以上。

2. 京白 904　京白 904 为三系配套，是北京白鸡系列中目前产蛋性能较佳的配套杂交鸡。其特点是早熟、高产、蛋大、饲料报酬高。

京白 904 蛋鸡性能为：0～20 周龄育成率 92.17%，20 周龄体重 1.49 千克，群体 150 日龄开产（产蛋率达 50%）。72 周龄产蛋 288.50 枚，平均蛋重 59.01 克，总蛋重 17.02 千克，料蛋比 2.33∶1，产蛋期存活率 88.6%，产蛋期末体重 2 千克。京白 904 适合于密闭鸡舍饲养，在开放式鸡舍饲养时，其产蛋性能发挥略差。

3. 罗曼白　罗曼白系德国罗曼公司育成的两系配套杂交鸡，即精选罗曼 SLS。由于其产蛋量高、蛋重大，受到人们的青睐。目前，分布在全国 20 多个省区，是蛋鸡中覆盖率较高的品种，具有适应性强、耗料少、产蛋多和成活率高等优点（图 1-2）。

图 1-2　罗曼白蛋鸡

罗曼白蛋鸡的主要生产性能：产蛋率达 50％日龄 148～154 天，高峰产蛋率 92％～95％，72 周龄入舍鸡产蛋 295～305 枚，平均蛋重 62.5 克，料蛋比（2.1～2.3）：1，0～18 周龄耗料 6.0～6.4 千克/只，20 周龄体重 1.30～1.35 千克，育成期成活率96％～98％，产蛋期死淘率 4％～6％。

4. 海兰白　海兰白是美国海兰国际公司培育的四系配套优良蛋鸡品种。我国从 20 世纪 80 年代引进，目前，在全国有多个祖代或父母代种鸡场，是饲养较多的品种之一。现有两个白壳配套系：海兰 W-36（图 1-3）和海兰 W-77，特点是体型小、性情温顺、饲料报酬高、抗病力强、产蛋多、成活率高。

海兰白蛋鸡的主要生产性能：生长期（0～18 周龄）成活率 95％～98％，耗料 5.67 千克/只。18 周龄体重 1.28 千克。产蛋期为 18～72 周，

图 1-3　海兰 W-36 蛋鸡

高峰产蛋率 92％～95％，入舍母鸡产蛋 271～286 枚，成活率 92％～95％。72 周龄体重 1.68 千克。料蛋比（2～2.2）：1。

二、褐壳蛋鸡

褐壳蛋鸡的主要优点是蛋重大，刚开产的蛋比白壳蛋重，蛋壳质量好，便于运输和保存；鸡性情温顺，对应激因素的敏感性低，便于平养和笼养；啄癖少，死淘率低；耐寒性强，产蛋率平稳；淘汰时体重达2千克；商品代雏鸡具有羽速自别雌雄的特点。褐壳蛋鸡体型大，耐热性较差；且有偏肥的倾向，饲养技术难度比白壳鸡大，必须实行限制饲养，否则过肥影响产蛋性能。

1. 京红1号 京红1号蛋鸡配套系具有生产性能优越、繁殖性能突出以及实用性、适应性强等优点。其产蛋早且多，易饲养、抗病强，适应粗放的饲养环境。吃料少、效益高，适用于笼养、散养。

京红1号蛋鸡的主要生产性能：育雏育成期（到60日龄青年鸡）成活率99%，耗料1.86千克/只，60日龄体重720克；育雏育成期（到126日龄青年鸡）成活率98%，耗料6.45千克/只，126日龄体重1 510克；开产日龄139～142天，产蛋高峰94%～97%，19～72周龄成活率97%，19～80周龄成活率95%，72周龄日产蛋331.3枚，80周龄饲养日产蛋374.7枚。

2. 海兰褐 海兰褐是由美国海兰国际公司培育的四系配套优良蛋鸡品种，具有饲料报酬高、产蛋多和成活率高等优点，在国内外蛋鸡生产中被广泛饲养。海兰褐也有良好的适应力及较强的抗病能力，耐热安静，无神经质，易于管理（图1-4）。

海兰褐蛋鸡的主要生产性能：生长期（至17周龄）成活

图1-4 海兰褐蛋鸡

率 96%～98%，耗料 6.0 千克/只，17 周龄体重 1.48 千克；产蛋期（至 80 周龄）高峰产蛋率 93%～95%，饲养日产蛋（至 70 周龄）320 枚，至 80 周龄产蛋 347 枚，至 80 周龄成活率 95%；18～80 周龄平均日耗料 112 克/只，21～74 周龄料蛋比 2.06：1。

3. 罗曼褐 罗曼褐蛋鸡是由德国罗曼集团公司培育的四系配套高产蛋鸡品种，是我国大部分地区的主要养殖蛋鸡品种，适合于集约化、规模化的蛋鸡养殖场。该品种蛋鸡的适应性强、饲料利用率高、产蛋量多、成活率高、蛋的品质优良。

罗曼褐蛋鸡的主要生产性能：0～17 周龄成活率 96%～98%，17 周龄体重 1.48 千克；72 周龄产蛋 280 枚，平均蛋重 62.8 克，总蛋重 17.6 千克，料蛋比（2.3～2.4）：1，产蛋期死亡率 4.8%。

4. 伊莎褐 伊莎褐蛋鸡（又名伊莎黄蛋鸡和伊莎红蛋鸡），是由法国伊莎公司育成的四系配套的杂交品种。其特点品质好、蛋重适中、整齐度好、饲料转化率高、适应性强、性情温顺、易于饲养。伊莎褐蛋鸡商品代雏可用羽色自别雌雄；公雏白羽，母雏褐羽。

伊莎褐蛋鸡的主要生产性能：至 76 周龄产蛋 292 枚，总蛋重 18.98 千克，料蛋比（2.4～2.5）：1；0～20 周龄育成率 97%～98%，23 周龄产蛋率达 50% 的，25 周龄进入产蛋高峰期，高峰期产蛋率 96%；21～74 周龄成活率 93%，平均蛋重 65 克。

三、粉壳蛋鸡

粉壳蛋鸡是由洛岛红品种与白来航品种间正交或反交所产生的杂种鸡，其蛋壳颜色介于褐壳蛋与白壳蛋之间，呈浅褐色，严格地说属于褐壳蛋。其羽色以白色为背景，有黄、黑、灰等杂色斑羽，与褐壳蛋鸡又不相同。其主要特点：产蛋量高、饲料转化率高，但生产性能不够稳定。

1. 京粉 1 号 京粉 1 号是我国自主培育的蛋鸡品种，在我国也是养殖的比较多的一个品种，具有适应性强、抗病力强、耐粗饲、产蛋量高、耗料低等特点。京粉1号商品代雏可用羽速自别雌雄（图1-5）。

京粉1号蛋鸡的主要生产性能：20周龄体重1 500～1 600克，1～20周龄耗料7.2～7.4千克/只，1～18周龄成活率97%～98%，开产日龄145～150天，产蛋高峰期产蛋率92%～94%；72周龄母鸡产蛋 295～305枚，总蛋重18.5～20.5千克，平均蛋重64克，体重 1 900～2 100克；

图1-5　京粉1号蛋鸡

19～72周龄日耗料108～116克/只，料蛋比（2.3～2.4）∶1，成活率94%～96%。

2. 京粉2号　京粉2号配套系利用产生浅褐壳鸡蛋的反交原理，以产白壳蛋的白来航蛋鸡品系作为父系，产褐壳蛋的白洛克蛋鸡品系作母系，杂交培育出的商品代蛋鸡，具有品种正、繁殖高、耐高温、无啄癖、死淘率低等特点。

京粉2号蛋鸡生产性能为：18周龄体重1 380～1 540克，达50%产蛋率日龄135～145天，高峰产蛋率93～95%，72周龄入舍母鸡产蛋300～308枚，72周龄饲养日产蛋310～318枚，72周产蛋总重19.5～20.1千克，全期料蛋比（2.1～2.2）∶1，0～18周龄平均成活率97%～99%，19～72周龄平均成活率93%～96%，72周龄体重1 710～1 820克。

3. 海兰灰　海兰灰蛋鸡为我国多家蛋种鸡场从美国海兰国际公司引进育成的粉壳蛋鸡商业配套系鸡种。其体型较小，适应环境能力强，产蛋率高，产蛋高峰期维持时间长，抗病能力强。

海兰灰蛋鸡生产性能为：18周龄平均体重1 450克，1～18周龄耗料6.1千克/只，成活率98%；平均开产日龄151天，高峰产蛋率94%；74周龄入舍母鸡平均产蛋305枚，总蛋重19.2千克，平均蛋重62克，料蛋比（2.01～2.07）：1，70周龄平均体重1 980克；21～74周龄成活率93%。

4. 罗曼粉　罗曼粉壳蛋鸡是引进德国罗曼公司选育的优良蛋鸡，具有杂病少，抗病力强，产蛋率高、维持时间长，蛋壳强度高等特点。

罗曼粉壳蛋鸡生产性能为：20周龄体重1 500～1 600克，1～20周龄耗料7.2～7.4千克/只，1～18周龄成活率97%～98%，开产日龄145～150天，产蛋高峰期产蛋率92%～94%；72周龄母鸡产蛋295～305枚，总蛋重18.5～20.5千克，平均蛋重64克，体重1 900～2 100克；19～72周龄日耗料108～116克/只，料蛋比（2.3～2.4）：1，成活率94%～96%。

5. 京粉6号　京粉6号蛋鸡配套系是由北京市华都峪口禽业有限责任公司联合中国农业大学，以洛岛红和白来航为育种素材，通过传统家禽育种方法与分子育种技术相结合，自主培育而成的小蛋重型高产粉壳蛋鸡新配套系。其商品代可羽速自别雌雄，具有蛋重小、产蛋多、死淘率低和体重适中等特点。

该配套系主要生产性能为：0～60日龄成活率99%，0～60日龄耗料1.29千克/只，60日龄体重620克；0～126日龄成活率98%，0～126日龄耗料5.10千克/只，126日龄体重1 340克；产蛋期（19～80周龄）50%开产日龄138～142天，高峰产蛋率95%～98%，19～80周龄成活率97%，饲养日产蛋380枚，产蛋总重21.2千克，平均蛋重55.8克，80周龄体重1 810克，平均日耗料106.3克/只。

四、绿壳蛋鸡

绿壳蛋鸡因产绿壳蛋而得名，其特征是所产蛋的外壳颜色呈绿色，是我国特有鸡种。现代绿壳蛋鸡是利用我国特有的原始绿壳蛋鸡遗传资源，运用现代育种技术，以家系选择和DNA标记辅助选择为基础，进行纯系选育和杂交配套育成的。其主要特点：体型小，结实紧凑，行动敏捷，匀称秀丽，性成熟较早，产蛋量较高，蛋壳颜色为绿色，蛋品质优良，与白壳蛋鸡相比，耗料少、蛋重偏小。

1. 苏禽绿壳蛋鸡　苏禽绿壳蛋鸡属二系配套系，是由江苏省家禽科学研究所和扬州翔龙禽业发展有限公司共同培育而成。

苏禽绿壳蛋鸡生产性能：20～72 周龄入舍母鸡产蛋 221 枚，总蛋重 10.1 千克，平均蛋重 45.7 克，19～72 周龄料蛋比 3.36 : 1，成活率达 94.9%，淘汰鸡平均体重 1 505 克。

2. 新杨绿壳蛋鸡　新杨绿壳蛋鸡由上海新杨家禽育种中心培育而成。父系来自我国经过高度选育的地方品种，母系来自国外引进的高产白壳或粉壳蛋鸡，经配合力测定后杂交培育，以突出产蛋性能为主要育种目标。

新杨绿壳蛋鸡生产性能为：开产日龄 140 天，产蛋率达 50% 的日龄为 162 天；开产体重 1.0～1.1 千克，500 日龄入舍母鸡产蛋 230 枚，平均蛋重 50 克，蛋壳颜色基本一致，大群饲养鸡群绿壳蛋占 70%～75%。

3. 东乡黑羽绿壳蛋鸡　东乡黑羽绿壳蛋鸡由湖北华绿黑鸡、三峡黑鸡培育而成。其具有体型较小、产蛋性能较高、适应性强等优点（图 1-6）。

图 1-6　东乡黑羽绿壳蛋鸡

东乡黑羽绿壳蛋鸡生产性能为：0～6 周龄雏鸡成活率 94%，7～20 周龄育成率 95%，入舍母鸡成活率 90%，开产日龄 145～155 天。开产体重 0.9～1.05 千克，开产蛋重 36～40 克，500 日龄产蛋 200～220 枚，平均蛋重 48～50 克。

（马友福）

■ 专题二　　我国市场常见肉鸡 ■

按照品种分类，饲养的肉鸡可分为快大型白羽肉鸡、黄羽肉鸡、淘汰蛋鸡和肉杂鸡。快大型白羽肉鸡的主要特点是生长速度快，一般情况下 42 天体重可达 2 650 克，料肉比高，可达到 1.76：1，胸肉率19.6％。黄羽肉鸡生长速度慢，料肉比低；但适应性强，容易饲养，鸡肉风味品质好。

一、快大型白羽肉鸡

我国的白羽肉鸡品种全部从国外进口，以引进祖代为主，其突出的特点是生长速度快、料肉比较高、体重大、产肉量多，适合工业规模化生产，但是口感欠佳。一般商品肉鸡 6 周龄平均体重在 2 千克以上，每千克增重的耗料在 2 千克左右。一般采用四系配套杂交进行制种生产，大部分鸡种为白色羽毛，少数鸡种为黄（或红）色羽毛。我国引种的白羽肉鸡主要品种包括艾拔益加（AA＋）、罗斯 308、艾维茵、科宝以及哈伯德等。

1. 艾拔益加（AA＋）肉鸡　该品种由美国爱拔益加家禽育种公司育成，为我国肉鸡生产的主要鸡种（图 1-7）。特点是体型大，生长速度快，适应性强，料肉比高，发育整齐，胸部、腿部肌肉丰满，屠体品质好，适合于商品化、产业化生产和农村专业户养殖。商品代肉鸡生产性能：6 周龄体重 1.59 千克，料肉比1.76：1；7 周龄体重 1.99 千克，料

图 1-7　AA 肉鸡

肉比1.92∶1；8周龄体重2.41千克，料肉比2.07∶1；9周龄体重2.84千克，料肉比2.21∶1。

2. 罗斯308白羽肉鸡　罗斯308隐性白羽肉鸡，主要特点是体质健壮，成活率高，增重速度快，出肉率高。该鸡种为四系配套，商品代雏鸡可根据羽速鉴别雌雄。

主要生产性能：育成期成活率95％，商品肉鸡7周末平均体重可达3.05千克，42日龄料肉比1.7∶1，49日龄料肉比1.82∶1。

3. 艾维茵白羽肉鸡　艾维茵白羽肉鸡是美国艾维茵国际家禽有限公司培育的白羽肉鸡良种，是由增重快、成活率高的父系和产蛋量高的母系杂交选育而成。该品种的优点是肉仔鸡增重快、饲料转化率高、成活率高、适应性强、胴体美观、羽根细小、皮肤黄色、肉质细嫩，适于各种方法烹调、加工，可在全国绝大部分地区饲养，适宜集约化养鸡场、规模鸡场、专业户和农户。

商品代肉鸡的主要生产性能：7周龄公鸡体重可达2.04千克，料肉比1.82∶1；母鸡体重1.98千克，料肉比1.88∶1；公母平均体重2.01千克，料肉比1.87∶1，成活率达98％以上。

4. 科宝　科宝500配套系是一个已有多年历史的较为成熟的配套系，特点是体型大、胸深背阔、全身白羽、鸡头大小适中、单冠直立、虹彩橙黄、脚高而粗，商品代生长快、均匀度好、肌肉丰满、肉质鲜美（图1-8）。

商品代肉鸡生产性能：45日龄平均体重达到1.86千克，料肉比1.84∶1，全期成活率95.2％，平均半净膛屠宰率85.5％，全净膛屠宰率79.38％，胸腿肌率31.57％。

图1-8　科宝肉鸡

5. 哈伯德肉鸡　哈伯德宽胸肉鸡（高出肉率型）是哈伯德-伊莎家禽育种集团培育成功

的一个优秀肉鸡新型品系。该配套系的特点是白羽毛、白蛋壳，商品鸡可羽速自别雌雄，有利于分群饲养。商品仔鸡的生长速度快，出肉率高，尤其适宜深加工和生产高附加值产品，由于其体型不太大，也适合整鸡市场。

其主要生产性能：5 周龄体重 1.80～1.75 千克，料肉比 1.68∶1，净膛后出肉率 66.8%～67.3%；6 周龄体重 2.30～2.24 千克，料肉比 1.82∶1，净膛后出肉率 67.9～68.5%，去骨胸肉率 16.0～17.2%；7 周龄体重 2.77～2.71 千克，料肉比 1.96∶1，净膛后出肉率 68.8%～69.4%，去骨胸肉率 16.5%～17.7%。

二、黄羽肉鸡

黄羽肉鸡是由我国优良的地方品种杂交培育而成的优质肉鸡品类，与白羽肉鸡相比，具有体重较小、生长周期长、抗病能力强、肉质鲜美等特点，体型外貌符合我国消费者的喜好及消费习惯，比较适合活鸡销售。黄羽肉鸡主要包括黄羽、麻羽和其他有色羽的肉鸡，具有鲜明的地域代表性；按照来源分为地方品种、培育品种和引入品种三类；按不同生长速度划分，我国黄羽肉鸡可分为快速型、中速型和慢速型。

快速型：出栏时间约在 60 天以内。由于其感官性状（主要指色泽、风味、口感等方面）强于白羽肉鸡，出栏时间短，获得效益快。有代表性的快速型黄羽肉鸡品种有皖南青脚鸡、五星黄鸡、皖江黄鸡、岭南黄鸡Ⅱ号、粤禽皇Ⅱ号、闽中黄麻鸡、凤翔青脚麻鸡、新广黄鸡等。中速型：出栏时间在 60～100 天。一定程度上兼顾了生产性能与鸡肉品质。粤港澳等地是中速型黄羽肉鸡的主要市场。有代表性的中速型黄羽肉鸡品种有新兴黄鸡Ⅱ号、岭南黄鸡Ⅰ号、京海黄鸡、金陵麻鸡、墟岗黄鸡、科朗黄鸡等。慢速型：出栏时间在 100 天以上。生产模式以放养为主，肉质的感官质量最优，价格也高于其他类型的肉鸡。有代表性的慢速型黄羽肉鸡品种有文昌鸡、清远麻鸡、固始鸡、大骨鸡、乌骨鸡、广西黄鸡、雪山鸡、广西麻鸡、金陵黄鸡、参皇鸡等。蛋肉兼用型品种有北京油鸡、东乡绿壳蛋鸡、白耳黄鸡、卢氏鸡、三高三栖鸡等。

1. 粤禽皇鸡 配套系是广东粤禽育种有限公司利用我国地方鸡种的优良特性，适当引进国外优良品种，通过培育专门化纯系、杂交配套选育而成（图1-9）。粤禽皇配套系保持了我国地方鸡种的大部分优良品质。其商品代肉鸡能进行初生雏快慢羽自别雌雄，公母自别准确率达99%以上；具有生长速度快、饲料报酬高、抗病力强、均匀度高、羽速自别雌雄、成本低的特点，符合国内外大多数地区对中快型黄羽肉鸡的需求。

图1-9　粤禽皇鸡

主要生产性能：公鸡50～56日龄出栏平均活重1 800～1 900克；料肉比（2.1～2.2）∶1，成活率＞96%，屠宰率89.2%，半净膛屠宰率83.4%，全净膛屠宰率69.8%，胸腿肌率47.0%；母鸡56～60日龄出栏平均活重1 470～1 570克，料肉比（2.3～2.4）∶1，成活率96%，屠宰率89.1%，半净膛屠宰率82.7%，全净膛屠宰率69.7%，胸腿肌率45.7%。

2. 岭南黄鸡 岭南黄鸡是由广东省农业科学院畜牧研究所家禽研究室培育的优质黄鸡系列配套系（图1-10）。

Ⅰ型商品代肉鸡的主要生产性能：63日龄公鸡平均体重1 950克，料肉比2.40∶1；母鸡1 450克，料肉比2.70∶1。

Ⅱ型商品代肉鸡的主要生产性能：42日龄公鸡平均体重1 431

克，料肉比1.65∶1；母鸡1 174克，料肉比2.01∶1。

图1-10 岭南黄鸡

3. 京星黄羽肉鸡 该品种的配套亲本中含有地方品种北京油鸡的血缘，同时进行了肉质性状肌内脂肪、肌苷酸含量的选育，提高脂肪和风味物质的沉积量和早熟性，肌肉品质优于同类产品。商品代肉鸡具有生长速度快、肌肉品质优良，适应性强等优点。商品代肉鸡为矮脚型，胴体皮肤黄色，皮下脂肪均匀（图1-11）。

图1-11 京星黄羽肉鸡

京星黄鸡100配套系的主要生产性能：80～90日龄上市，胸肌肌内脂肪含量达到3.6%。

京星黄鸡102配套系：56～63日龄上市，胸肌肌内脂肪含量达到3.3%，适应性强，成活率高。

北京油鸡养殖技术

4. 光大梅岭4号 光大梅岭4号是浙江光大农业科技发展有限公司以不同来源广西三黄鸡等为育种素材，采用三系配套模式培育优质型黄羽肉鸡新配套系，属于慢速型黄羽肉鸡，其体型紧凑，性成熟早，冠红润，具有"三黄"特质：

喙黄、肤黄、脚黄，肉质优异，特别适合白切，符合华东、华南片区高端鸡肉消费市场的需求。其商品代上市日龄120d，公鸡单冠直立、羽色金黄，母鸡黄羽、体型紧凑呈楔形，公鸡上市均重1 600～1 900克，料肉比3.0：1，母鸡上市均重1 200～1 500克，料肉比3.4：1。该配套系商品鸡胴体品质优，皮薄毛孔细，适合冷鲜杀白上市。肉质优异，肌苷酸含量高，比普通优质鸡高1～2倍，适宜白切。此外，该配套系商品代存活率较高，适宜山区、林地放养。

5. 墟岗黄鸡 由佛山市墟岗黄鸡畜牧有限公司与华南农业大学动物科学系经多年技术合作，运用现代数量遗传学的育种实用技术，经过9年8个世代系统的选育，建立起的以301品系为核心的墟岗黄鸡逐级繁育体系，是广东又一优质黄羽肉鸡品系。其中，有以301品系为核心配套生产的墟岗黄鸡306商品肉鸡。该品种的特点是：抗逆性强、生长快、早熟、饲料报酬高、鸡味浓郁。墟岗黄鸡的外貌以"三黄"为主要特征，即羽毛黄、喙黄、脚黄。体型外貌一致，脚细小，鸡冠、眼睑部鲜红。

墟岗黄鸡的主要生产性能：商品代生长速度较快，56日龄公鸡体重1 400～1 600克，料肉比（2.24～2.4）：1；56日龄母鸡体重1 150～1 300克，料肉比（2.24～2.3）：1。

6. 固始鸡 固始鸡属黄鸡类型，具有产蛋多、蛋大壳厚、遗传性能稳定等特点，为蛋肉兼用鸡。固始鸡体躯呈三角形，羽毛丰满，单冠直立，6个冠齿，冠后缘分叉。公鸡毛呈金黄色，母鸡以黄色、麻黄色为多（图1-12）。

固始鸡的主要生产性能：90日龄公母鸡体重分别为487.8克、335.1克，180日龄

图1-12　固始鸡

公母鸡体重分别为 1.27 千克、0.96 千克，成年公母鸡体重分别为 2.10 千克、1.50 千克。5 月龄公母鸡半净膛屠宰率分别为 81.76%、81.61%。

7. 安卡红鸡 原产于以色列，为速生型黄羽肉鸡，是目前国内生长速度最快的红羽肉鸡（图 1-13）。安卡红鸡是生长速度最快的有色羽肉鸡之一，具有适应性强、长速快、饲料报酬高等特点。

图 1-13 安卡红鸡

安卡红鸡的主要生产性能：6 周龄体重达 2 001 克，累计料肉比 1.75：1；7 周龄体重达 2 405 克，累计料肉比 1.94：1；8 周龄体重达 2 875 克，累计料肉比 2.15：1。

8. 岭南黄鸡 岭南黄鸡Ⅰ号和岭南黄鸡Ⅱ号配套系是广东省农业科学院畜牧研究所岭南家禽育种公司经过多年培育而成的黄羽肉鸡配套系。岭南黄鸡Ⅰ号商品代外貌特征为快羽，"三黄"，胸肌发达，胫较细，单冠，性成熟早，外貌特征优美、整齐度高、优质的特点。

其主要生产性能：公鸡 56 日龄上市，活重 1 400 克，料肉比 2.20：1，成活率 98%；母鸡 70 日龄上市，活重 1 500 克，料肉比 2.50：1，成活率 98%。

岭南黄鸡Ⅱ号商品代可羽速自别雌雄，公鸡为慢羽，母鸡为快羽，准确率达 99% 以上。公鸡羽毛呈金黄色，母鸡全身羽毛黄色，部分鸡颈羽、主翼羽、尾羽为麻黄色。黄胫、黄皮肤，体型呈楔形，单冠。具外貌特征优美、整齐度高、快长、优质的特点。

其主要生产性能：公鸡 50 日龄上市，活重 1 750 克，料肉比 2.10：1，成活率 98%；母鸡 56 日龄上市，活重 1 500 克，料肉比

2.30 : 1，成活率98%。

三、肉杂鸡

以快大型白羽肉鸡种公鸡和现代蛋鸡杂交配套系的商品代母鸡进行杂交的后代，俗称肉杂鸡。因其制种成本低等而发展速度很快。肉杂鸡的饲养优势有：抗病力比白羽肉鸡强，饲养条件要求不高，相对使用兽药较少，药物残留少，营养沉积好，肉紧油少，味道鲜美；优质肉杂鸡体态紧凑，结构匀称，冠高红润，羽色鲜亮，深受消费者喜爱。肉杂鸡的年平均效益高于白羽肉鸡，但是不适于集中大规模饲养，一定要调节好饲养时间，掌握市场需求，才能取得更好的经济收益。肉杂鸡的品种较多，在市场上多见的有红羽土杂鸡、黄羽信鸡、817肉杂鸡、816肉杂鸡、818肉杂鸡等多个品种，817肉杂鸡的饲养量较大，饲养管理方面相差不大。

817肉杂鸡是山东省农业科学院家禽研究所培育而成的扒鸡专用鸡种，是AA＋、罗斯308、艾维茵等肉鸡父母代公鸡与商品蛋鸡（如罗曼、海兰蛋鸡）等进行杂交的后代，具有生长速度快、饲养周期短、饲料报酬高等特点。

817肉杂鸡主要生产性能：7周龄出栏平均活重1 648克，料肉比1.83 : 1；8周龄出栏平均活重1 939克，料肉比1.9 : 1。

（蒙晓雷）

■ 专题三　　如何选择品种 ■

选择养殖的鸡品种时不仅要根据当地消费市场情况来选择，还要调查了解鸡品种习性、品种特征以及该品种在当地的适应性等，然后再确定。

一、市场需求

同样的生产条件，饲养不同的品种，会得到不同的经济效益，在选择所饲养的蛋鸡或肉鸡品种时，要认真考虑下列因素，综合全局，做出正确的选择。

1. 肉鸡市场需求

（1）不同地域或地区对肉鸡市场的需求　不同地域对优质鸡体型外貌要求的差异，造成优质鸡市场需求的多样性。我国地方鸡种众多，体型外貌差异很大；消费者将地方鸡种的某些外观特征与肉质相联系，因而形成多样的市场需求特点。不同地区对鸡性别的需求也有不同，有些地区喜食公鸡，有些地区喜食母鸡。由于消费层次存在差异，同一地区对同一类型的品种也有不同档次的需求，这种需求表现为品种的生长速度、上市日龄、上市体重等。

华南地区对优质肉鸡的需求基本相似，主要是要求体型稍圆、脚细矮、尾短；对外观要求脚黄、皮黄、毛色纯黄或纯麻等，对黑脚白皮的品种难以接受。华东地区一般需要瘦高长尾的体型，品种类型主要有不同档次的青脚麻和三黄鸡类型，安徽地区对青脚麻毛色要黄一些，江苏要求青脚麻毛色麻一些。浙南主要销售公鸡，其他地区以母鸡为主。华中地区对体型的要求介于华东和华南之间。主要品种有不同档次的黑凤鸡、三黄鸡品种、少量麻羽的青脚麻鸡和地方品种。西南地区市场也是以销售优质肉鸡为主，主要品种是青脚鸡和乌皮鸡。四川主要销售公鸡为主，云南以母鸡为主。四川要求毛色黄麻偏红，云南、贵州要求毛色稍麻为好，该地区的体型要求一般是瘦高长尾，对上市体重要求大。

（2）体型外貌　优质肉鸡是冷鲜鸡和活鸡市场，外观的需求有地域性差异。体型外貌主要考虑以下几个方面：①早熟性，即鸡冠厚直、开产早；②羽毛，即羽色丰满光亮和紧凑度、干毛度；③脚色，即脚的大小及脚的高低；④尾巴长短及形状；⑤身体的长短和胸部的发育；⑥胴体外观，即皮黄、皮肤的细腻度、毛孔的粗细；⑦其他，包括距长、头小、脖子短等。

有些外观性状和肉质没有必然的联系，消费者根据某些外观性状和发育情况来判断肉鸡生长速度和饲养时间；不同类型品种对外观要求程度不同，快大型品种对体型外观要求不严格，优质型要求严格，外观对价格有重大影响。

（3）肉质　优质肉鸡的根本需求是肉质。不同烹调方法对肉质要求不同。如白切鸡要求一定的脂肪含量；盐焗和水蒸鸡要求一定的肌肉硬度。一般的肉质要求：鸡味浓郁，口感好。鸡味主要取决于皮下脂肪含量和肌内脂肪含量。口感主要取决于肌纤维直径和硬度。肉质也会受到多种因素的影响，如品种，饲养时间，饲养方式（运动场、限制饲养、光照方式），饲料营养水平和原料配比等。对高档土鸡和中档鸡的饲养，要求降低日粮的营养水平，延长饲养时间，要保证出栏体重，高档土鸡保证开产与上市时间一致，在成本提高不大的前提下，提高肉质，提高上市档次。

（4）上市体重　不同地区、不同品种有一个最佳的上市体重，太大太小都会影响肉鸡的销售。同一品种、同一地区的上市体重也会随时间发生变化。

2. 蛋鸡市场需求　我国鸡蛋生产的现状是，供大于求，人均鸡蛋消费量远远高于世界平均水平，鸡蛋生产已开始从数量型向质量型转变。在考虑市场需求时重点注意以下因素。

（1）蛋壳颜色　白壳鸡蛋在普通消费市场日趋萎缩，褐壳鸡蛋逐渐成为主流，粉壳鸡蛋开始大受欢迎；具有明显特色的绿壳鸡蛋和紫壳鸡蛋销售价格更具优势。

（2）蛋重大小　过去人们对蛋重较小的鸡蛋（50克以下）不喜欢，因为较小鸡蛋在实际消费时，蛋壳所占比例高；但现在地方品种鸡的蛋重多数较轻，过大的鸡蛋反而不好销售，这种现象普遍存在于粉壳鸡蛋销售中。

（3）蛋壳质量　在鸡蛋的处理、包装、运输、销售过程中，蛋壳质量不佳的鸡蛋可能破损；蛋壳质量虽然受饲喂管理的影响大，但与鸡的品种也有关系。

二、拟选品种的特点

在选择品种时，应选择通过国家品种审定的鸡种，并要认真分析拟选品种的特点，这些特点主要包括：

1. 生产性能　不同品种鸡有不同的生产性能，在考察生产性能时不要只听厂家的介绍，最好能了解到实际饲养情况。

2. 成活率　蛋鸡养殖的经济效益与淘汰鸡的数量有关，实际是产蛋期成活率问题。淘汰时鸡的存栏数量越多，效益就越高，盈利就越大；而在肉鸡饲养管理中，成活率也是衡量肉鸡生产效果的重要指标，因此提高成活率是养殖成果的关键。

3. 抗病力　不同品种的抗逆性是有差别的。有些品种的鸡产蛋水平、增重速度相当高，但抗病力或抗逆性相对较差。养殖场户应当从经济角度来比较、选择。

4. 优良蛋鸡品种的特征

（1）产蛋性能高　实践证明，优良鸡种的产蛋量比一般鸡种的高 20％以上。开产日龄 150 天左右，年平均产蛋率应达 75％～80％；高峰产蛋率达 90％以上并保持 4 个月以上，一个产蛋周期（72 周龄）产蛋 280 枚以上。

（2）有较强的抗应激能力、抗病能力。育雏成活率、育成率和产蛋期存活率较高。

（3）体质强健，能维持持久的高产。

（4）蛋壳质量好，在产蛋后期和夏季能保持较低的破蛋率，蛋壳的颜色和蛋形的大小要符合当地市场的需求。

5. 优良肉鸡品种的特征

（1）健康而优良的肉用鸡种要具有适应性强的优点。

（2）早期生长快、发育均匀、肉质好、饲料转化率高；6 周龄平均活重 1.8 千克以上；料肉比（1.9～2.2）∶1。

（3）优质型肉鸡以肉的品质优良而著称，其生长速度远不及快速生长型肉鸡，80 日龄上市体重 1.5 千克，料肉比 2.5∶1，但其肉的价格却比普通肉鸡高得多。

三、供种场的情况

优质雏鸡是发挥最大生产性能和实现养鸡高效益的前提，而优质雏鸡来自于那些较大规模、具有高生产水平和高科技投入的供种场。因此，散养户在选择雏鸡的时候，必须慎重考虑雏鸡供种场的情况，要对拟供种企业进行调查了解，查看必要的证明文件和种鸡场的生产经营情况等。

1. 资质及证明

（1）提供雏鸡的父母代种鸡场或专业孵化场必须符合国家的有关规定，通过有关部门的质检，有行政部门颁发的《种畜禽生产经营许可证》《动物防疫合格证》《种畜禽鉴定合格证》等。

（2）应有完善的对鸡白痢、禽白血病等经种蛋垂直传播疾病的预防控制和净化能力。鸡白痢和禽白血病的检测阳性率应低于1%，并能保证雏鸡在出壳 24 小时内注射马立克氏病疫苗。

（3）购雏前，应注意查看种鸡场采购种鸡的发票和相应证明，谨防假冒伪劣。

2. 生产经营和疫病情况

（1）了解拟供种场规模。种鸡存栏量的多少是衡量一个供种场能否提供同一日龄、大小一致、母源抗体一致等优质雏鸡的主要标准。

（2）细致了解供种场所在地三年来的疫病情况，不仅要了解鸡的疫病情况，同时还要了解其他家禽的疫病情况，严禁到疫区引种。

（3）了解拟引入品种的产地环境状况，比较引入地和产地差异，为引种后发挥引入品种的优良性能做好准备工作。

（4）注意了解拟引进品种生产、经营的情况。

3. 供种场信誉 要向其他养殖场户了解父母代种鸡场或专业孵化场的信誉，选择信誉良好的供种场引种；或通过各种专业微信群、会议、协会等可以间接了解拟供种场的市场声誉、业内口碑。

4. 供种场技术实力

（1）要了解拟供种场是否有专家团队支撑和专业的服务队伍。当前销售理念不同以往，已变为服务型销售，服务范围也不局限雏鸡阶段，而是包括技术、市场等整个产业链所涉及的领域。

（2）拟供种场应提供及时有效的养殖信息，包括市场信息、周期分析和疾病流行情况与控制信息等。

5. 养殖户购雏的方便程度　了解拟供种场的市场布局、当地代理商、送货车辆和时间等，要简便、快捷、高效、周到。

四、购雏注意事项

（1）在生产性能不明确时，千万不要引种。

（2）选定品种和供种场后不要轻易改变。

（3）购雏要选择非疫区种鸡场生产的无污染健康雏鸡。要求鸡苗出壳时间正常，出壳时间不能过早或过晚。

（4）挑选健康雏鸡，应有如下特征：活泼好动，均匀度高，绒毛松软，毛色光亮，眼睛有神，嘴、爪有光泽，腹部平坦，脐部干燥，腿粗壮有力，肛门无分泌物，叫声清脆洪亮，捕捉反应敏感，手握有饱满感。不要贪图鸡雏便宜而选择弱雏。

（5）雏鸡符合该品种特征，为同一批次生产的雏鸡，最好达到雏鸡品种、健康水平、雏鸡大小和母源抗体水平一致。

（6）全场或同一鸡舍的所有雏鸡最好来源于同一种鸡场。

五、生态养鸡的鸡种选择

当前我国正在大力推动生态农业，强调农业产业结构的调整，并制定了耕地保护政策，这种情况下生态农业与生态养殖逐渐成为农业生产的全新形式。在选择生态散养鸡的品种时，要按照各自的用途、生态环境要求和市场需求选择品种。

1. 生态散养肉鸡品种选择　生态散养肉鸡不适宜饲养快大型肉鸡品种。生态散养肉鸡应选择耐粗饲及粗放饲养，觅食能力强、适应性广、抗病力强的优良肉鸡品种，比如乌骨鸡、固始鸡、芦花鸡等，这些品种体型小、毛色美观、活泼好动、适应性强、肉质上乘、适合山地放养。一些中小型品种环境适应性强、成活率高、其商品鸡羽毛丰满有光泽，肉质鲜嫩可口，深受消费者欢迎，且经济效益高，适宜生态养殖。

2. 生态散养蛋鸡品种选择 生态散养蛋鸡时，选择蛋鸡散养品种是关键，生态散养蛋鸡应选择适应性强，抗病力强，好饲养且效益高的品种。适合散养的蛋鸡一般有苏禽草鸡、仙居鸡、江山白毛乌骨鸡、肖山鸡、农大三号、粤禽皇鸡等。

（王芳蕊）

模块二　鸡场的布局与环境控制

■ 专题一　　鸡场的选址原则 ■

建鸡场时，首先要考虑选址问题，而选址又必须根据鸡场的饲养规模和饲养性质（饲养商品肉鸡、商品蛋鸡等）而定，场地选择是否得当，关系到卫生防疫、鸡的生长以及饲养人员的工作效率，关系到养鸡的成败和效益，也在一定程度上影响着鸡的产量和产品品质，因此鸡场场址的选择在养鸡过程中显得尤为重要。

场址选择

一、选址的基本原则

鸡场选址要考虑综合性因素，如面积、地势、土壤、朝向、交通、水源、电源、防疫条件、自然灾害及经济环境等，遵循有利于防疫、生产、生态和环境保护的基本原则，既要保证免受周围其他厂矿、企业的污染，又要避免对周围外界环境造成污染。

1. 有利于环境保护的原则　所选区域的空气、水源水质、土壤土质等环境应符合畜牧生产和环境保护要求。防止重工业、化工工业等企业产生的废气、废水、废渣等的污染。鸡若长期处于严重污染的环境，受到有害物质的影响，产品中也会残留有毒、有害物质，这些畜产品对人体也有害。因此，鸡场不宜选在环境受到污染的地区或场地。

2. 有利于生态可持续发展　鸡场选址和建设时要有长远考虑，

做到可持续发展。鸡场的生产不能对周围环境造成污染。选择场址时，应考虑鸡的粪便、污水等废弃物的处理、利用方法。对场地排污方式、污水去向、距居民区水源的距离等应调查清楚，以免引起对周边环境的污染。

3. 有利于防疫　鸡场的环境及卫生防疫条件的好坏是影响养鸡能否成功的关键因素之一，必须对当地历史疫情做周密的调查研究，特别注意附近养殖场、屠宰场等离拟建场的距离、方位等，尽量保证合理的卫生距离，并处于其上风向。鸡场不宜选择在人烟稠密的居民住宅区或工厂集中地，不宜选择在交通来往频繁的地方，不宜选择在畜禽贸易场所附近；宜选择在较偏远而车辆又能达到的地方。

4. 有利于经济效益　养鸡场户在选择用地和建设时应精打细算、厉行节约。避免盲目追求大规模建设、投资，鸡舍和设备可以因陋就简，有效利用原有的自然资源和设备，尽量减少投入成本。

5. 有利于生产和封闭管理　鸡场需要用水和用电，故必须要有水源和电源。水源最好为自来水，如无自来水，则要选在地下水资源丰富、适于打井的地方，而且水质要符合卫生要求。场地范围内要尽量能够实施封闭管理，以防止外人随便进入，防止外界畜禽、野兽进入。

二、选址的基本要求

鸡场环境应符合相关标准和要求，必须选择在生态环境良好、有清洁水源、无或不直接受工业三废及农业、城镇生活、医疗废弃物污染的区域，至少在养殖区周围 500 米范围内及水源上游没有受到上述污染。

1. 周围环境要求　鸡场选择的首要问题，是要选择一个周围环境良好的场地。场址应该选在交通便利的地方，有利于饲料、鸡只等的运输，但要与主要交通干道保持 300～500 米的距离，与其他养鸡场间距应在 1 000 米以上，与工矿企业、机关学校、市场、居民区等保持较远的距离，防止饲养场受外界环境的影响，也有利于防疫。为了避免引起与附近居民的环境污染纠纷，最好把地点选在当地居民居住地的主风向下风处，但要离开居民点污水排出口，不应选在化工厂、屠宰加工厂、制革厂等容易造成环境污染企业的下风处或附近。

2. 地形地势要求　地形地势包括场地的形状和坡度等。理想的鸡场应当建在地势高燥、排水良好、背风向阳、地势平坦或略带缓坡的地方。

（1）地形开阔，地势较高　地形要开阔，不要过于狭长和边角过多，否则不利于养殖场及其他建筑物的布局和棚舍、运动场的消毒。地形应适合建造东西长、坐北朝南的棚舍，或者适合朝东南或朝东方向建棚舍。应选在较高的地方，否则容易积水，不利于养殖。

（2）面积适宜，土质较好　地面大小应当满足养殖需要，最好还要考虑发展所用。如建造一个肉鸡棚舍，占地面积一般为10.8米×51米，另外还要考虑生活住房、饲料库、育雏室等房舍的建筑用地面积。

所选场址的土壤应是沙壤土或壤土，不宜在沙土或黏土地上建棚舍。因为沙壤土透气透水性较好，持水性小，雨后不泥泞，易于保持适当干燥，可防止病原菌、寄生虫虫卵、蚊蝇等滋生繁殖。同时具有自身净化、土温比较稳定的优点，对养殖比较有利。壤土也有着较多的优点，也可在其上建场。

（3）背风向阳，平坦干燥　地势要背风向阳，以保持小气候温热状况相对稳定，减少冬春风雪侵袭，特别是要避开西北方向的山口和长形谷地。

地面应平坦，不应凸凹不平。为了利于排水，要求地面稍有坡度，每100米长高低差保持在1～3米为宜，坡面要向阳。地面应干燥，不能潮湿。一般来说，低洼潮湿的场地，病原微生物繁殖较快，不利于鸡病防控和鸡的体温调节，并严重影响建筑物的使用寿命。

3. 供水供电要求

（1）鸡场的水源要求　饲养场用水量大，在饲养生产过程中，鸡群的饮水、鸡舍和用具的洗涤、员工生活与绿化的需要等都要使用大量的水，因此养鸡场必须有可靠的水源。必要时应考虑在所建鸡场附近打井，修建水塔。鸡场水源的要求：①水量充足，能满足各种用水，并应考虑防火和未来发展需要。②水质良好，不经处理即能符合饮水标准的水最为理想。③便于防护，保证水源水质经常处于良好状态，不受周围环境的污染。④取用方便，设备投资少，处理技术简便易行。

（2）鸡场的水质要求　水质主要指水中病原微生物和有害物质的含量。要求水质要好，水中不能含有病菌和有毒物质，澄清、无异味。一般来说，采用自来水供水时，主要考虑管道口径是否能够保证水量供应；采用地面水供水时，要调查水源附近有没有工厂、农业生产和牧场污水与杂物排放，最好在塘、河、湖边设一个岸边砂滤井，对水源做一次渗透过滤处理，多数采用地下深井水供水，井深应超过 10 米以上。地面和深井供水的，应请环保部门进行水质检测，合格的才能取用，以保证鸡和场内职工的健康和安全。

（3）鸡场的供电要求　鸡场需要有充足电源的保证。在整个养殖过程中不能断电，经常停电的地区，要自备发电机。

4. 交通便利要求　鸡场的位置要考虑饲料、物资需求和产品供销，应保证交通方便，便于运输送料和产品销售。选择场址时既要考虑交通方便，又要为了卫生防疫使鸡场与交通干线保持适当的距离。

（韩克元）

■ 专题二　　鸡场的布局和建筑 ■

一、鸡场布局的基本要求

1. 饲养工艺　养鸡饲养工艺决定了鸡舍的数量与布局。按照饲养的工艺不同，将饲养工艺分为两段式和三段式。两阶段饲养方式，即育雏育成为一个阶段，成鸡为一个阶段。需建两种鸡舍，一般两种鸡舍的比例是 1：2。三阶段饲养方式，即育雏、育成、成鸡均分舍饲养。三种鸡舍的比例一般是 1：2：6。

根据生产鸡群的防疫卫生要求，生产区最好采用分区饲养，因此三阶段饲养分为育雏区、育成区、成鸡区，两阶段分为育雏育成区、成鸡区。雏鸡舍应放在上风向，依次是育成区和成鸡区。

2. 布局原则　各种房舍和设施的分区规划要从便于防疫和组织生产出发。应考虑饲养人员的工作和生活环境，尽量使其不受饲料粉尘、粪便、气味等污染；也要注意鸡群的防疫卫生，尽量杜绝污染源对鸡场环境的污染。

①鸡群饲养区和生活区要分开，生活区地势要高于饲养区，并与饲养区保持一定的距离。

分区时主要应考虑风向、地势和水流向，如地势与风向不一致时则以风向为主；风向与水流方向不一致时，也以风向为主。从上风方向至下风方向，按人、鸡、污的顺序，依次排列为生活区、鸡群饲养区、隔离及粪污处理区。

②生活区可设置于鸡场之外，把鸡场变成一个独立的生产场所。鸡群饲养区是鸡场布局中的主体，最好能做到同一鸡场仅饲养同一批次同日龄鸡，或同一鸡舍仅饲养同一批次同日龄鸡，每栋鸡舍之间应有物理隔离措施，如隔离栏、沟壕等。

③正确的鸡舍朝向不仅能帮助通风和调节舍温，而且能够使整体布局紧凑，节约土地资源。主要应根据各个地区的太阳光照和主导风向两个主要因素加以确定。

④鸡舍间距及生产区内的道路　鸡舍间距指鸡舍与鸡舍之间的距离，是鸡场总的平面布置的一项重要内容，关系到鸡场的防疫、排污和防火，直接影响到鸡场的经济效益。应从防疫、防火和排污三方面考虑。

鸡场内道路布局应分为清洁道和脏污道，相互不能交叉，以免污染。清洁道专供运输饲料和转群使用。脏污道主要用于运输鸡粪、死鸡及鸡舍内需要外出清洗的脏污设备。

一般鸡舍的间距是鸡舍高度的3～5倍时，即能满足要求，一般开放式鸡舍的间距是屋檐高度的5倍。

二、鸡舍的建筑

在进行鸡舍建筑设计时，应根据资金情况、鸡舍类型、饲养对象来考虑鸡舍内地面、墙壁、屋顶外形及通风条件等因素，在资金投入合理条件下，使舍内环境满足生产的需要。

1. 饲养方式 目前养鸡方式主要有平养方式和笼养方式两种。

（1）平养方式 平养方式又分落地散养和网床平养。平养鸡舍的饲养密度小，建筑面积大，投资相对较高，肉鸡一般主要使用这种饲养方式。

①落地散养 又称厚垫料地面平养。直接在土地面或水泥地面上铺设厚垫料，鸡生活在垫料上面，肉仔鸡较多利用这种形式。优点是设备要求简单、投资少。缺点是饲养密度小，鸡可接触到粪便，不利于疾病防控。

②网床平养 是指鸡群离开地面，活动于金属或其他材料制作的网片上。网（栅）上铺塑料网、金属网等类型的漏缝地板，地板一般高于地面约1.2米（以便于掏取鸡粪）。优点是鸡生活在板条上，粪便落到网下，鸡不直接接触粪便，有利于疾病防控；饲养密度大。缺点是投资相对较高，掏取鸡粪相对不便。

（2）笼养方式 笼养就是将鸡饲养在用金属丝焊成的笼子中。根据鸡种、性别和日龄设计不同型号的鸡笼，有雏鸡笼、育成鸡笼等。笼养方式是我国普遍采用的一种饲养方式，优点是饲养密度较大；节省饲料，鸡饲养在笼中，运动量减少，耗能少，浪费饲料少；鸡不接触粪便，利于鸡群防疫；蛋比较干净，消除窝外蛋；投资相对较少，便于防疫及管理。缺点是产蛋量比平养有所减少；血斑蛋比例高，蛋品质稍差；笼养鸡易发生猝死综合征，影响鸡的存活率和产蛋性能。

根据笼具组合形式分为全阶梯、半阶梯、叠层式、复合式和平置式。鸡笼在舍内的排列可以是一整列、两半列二走道、两整列三走道、两整列两半列三走道、三整列四走道等形式。

2. 鸡舍类型 按鸡舍的建筑形式，可分为开放式鸡舍（有窗鸡舍）、卷帘式鸡舍和塑料大棚鸡舍三种。按饲养方式和设备分为平养鸡舍和笼养鸡舍。

（1）开放式鸡舍　是小散户常用的鸡舍类型，又称有窗鸡舍，此类鸡舍采用自然通风和自然光照加人工补光的形式，鸡舍内温度、湿度、光照、通风等环境因素控制的好坏，取决于鸡舍设计、鸡舍建筑结构是否合理。由于自然通风和光照有限，因此在日常饲养过程中这类鸡舍常增设通风和光照设备，以弥补自然条件下通风和光照的不足。此类鸡舍的优点是能减少开支，节约能源，原材料投入成本不高。缺点是受自然条件的影响大，生产性能不稳定，也不利于防疫。

开放式鸡舍可分为全开放和半开放式两种。全开放式鸡舍依赖自然空气流动达到舍内通风换气，完全自然采光；半开放式鸡舍为自然通风辅以机械通风，自然采光和人工光照相结合，在需要时利用人工光照加以补充。鸡舍内饲养鸡的品种、数量、笼架的安放方式等均会影响舍内通风效果、温湿度及有害气体的控制等，因此在设计开放式鸡舍时要充分考虑以上因素。

这种鸡舍主要适用于育雏和饲养育成鸡、仔鸡。鸡舍的跨度6～8米，南北墙设窗户，南窗高1.5米，宽1米。舍内用铁丝网隔离成小自然间，每一自然间设有小门，供饲养人员出入及饲养操作。小门的位置依鸡舍跨度而定，跨度小的设在鸡舍内南侧或北侧，跨度大的设在中间，小门的宽度约1.2米。在离地面70厘米高处架设塑料网片。

①普通开放式鸡舍　在建筑结构上，采用比较简单的方法，修建成斜坡式的顶棚，坡面向南，北面砌一道2米高的墙，东西两侧可留较大的窗户，南侧可用尼龙网或铁丝网围隔，但要留大窗户。面积以16米^{2}为宜，这种鸡舍通风效果好，可以充分利用太阳光，保暖性能良好，南方、北方都适用。

这种鸡舍也可以建在果园里，采用半开放式饲养。鸡既可吃果园中的害虫及杂草，又可为果园施肥；既有利于防病，又有利于鸡觅食。地面平养，每平方米可养育成鸡10只左右，用木屑、稻草等做垫料；网上平养，可用木料搭架 70 厘米高床，上铺塑料网片（1 厘米×1 厘米的网目）。注意搭支架时，要保证鸡能自由进出鸡舍。

②简易开放式鸡舍　简易开放式鸡舍多为金字塔形，在林地、山地等放养区，找一块地势较高、背风向阳的平地，用油毡、无纺布及竹木、茅草等，借势搭成坐北朝南的简易开放式鸡舍。可直接搭成金字塔形，棚门朝南，另外三边可着地，也可四周砌墙。此类鸡舍需要随鸡龄增长及时增加面积，棚舍既能保温，又能挡风，做到雨天棚内不漏水，雨停棚外不积水，刮风棚内不串风。也可用竹、木搭成人字形框架，棚顶高 2 米，南北檐高 1.5 米。扣棚用的塑料薄膜接触地面边缘的部分用土压实，棚的顶面用绳子扣紧。棚的外侧东、北、西三面要挖好排水沟，四周用竹片间围，冬暖夏凉，棚内安装照明电灯，配齐食槽、饮水器等用具。

在我国南方由于炎热，有的地区开放式鸡舍只有简易的顶棚，而四壁全部敞开；还有的地区开放式鸡舍，三面有墙，南向敞开；最多见开放式鸡舍是四面有墙，南墙留有大窗、北墙留有小窗的有窗鸡舍的所有窗户都要安装铁丝网，以防止飞鸟和野兽进入鸡舍。鸡舍的大小、长度以养鸡数量而定，一般 500 只鸡为一个养鸡单位，按每平方米容纳 15～20 只鸡的面积搭棚。在荒山林地内搭设的临时遮阳棚，供鸡群防风避雨和补料饮水。

（2）卷帘式鸡舍　此类鸡舍四壁都可开放，是一种可自然换气的鸡舍，在我国的南北方无论是高热地区还是寒冷地区都可以采用。鸡舍的屋顶材料一定要采用隔热材料，否则夏季舍内会形成高温。在选择隔热材料时，要考虑防水、保温性能和防火性能。常采用石棉瓦、铝合金瓦、普通瓦片、玻璃钢瓦，并且采用防漏隔热层处理。

此种鸡舍除了在离地 15 厘米以上建有 50 厘米高的薄墙外，其余全部敞开，在一侧墙壁的内层和外层安装隔热卷帘，由机械传动，内层卷帘和外层卷帘可以分别向上和向下卷起或闭合，能在不同的高度开放，可以达到各种通风要求。夏季炎热可以全部敞开，冬季寒冷可以全部闭合。

（3）塑料大棚鸡舍 塑料大棚鸡舍就是用塑料薄膜把鸡舍的露天部分罩上，利用塑料薄膜的良好透光性和密闭性，将太阳能辐射和鸡体自身散发的热量保存下来，从而提高了棚舍内温度。这种方式能够人为地创造适应鸡正常生长发育的小气候，减少鸡舍不合理的热能消耗。优点是防风、防雨、防晒、保温、经济又实用。一般棚宽 7～8 米，长 30 米，高 2.8～3 米，棚两檐高度为 1.2～1.5 米，棚内可养 2 500 只鸡左右。

在我国北方，由于冬季温度低、棚内湿度大，一般采用大棚内网上饲养。如在地面垫料平养的话，可在地面铺一层砖，将来不饲养时还可拆除大棚还原农田；如打算长期养鸡，棚内地面应做成水泥地面，但考虑后期冲洗地面排水问题，水泥地面应有一定坡度。棚端墙的建造最好采用砖混结构，中间留门便于饲养人员进出，端墙上预留风机孔，便于舍内排风。若为装配式钢管大棚，可不用建端墙。

棚宽 7～8 米，每行设 6 根立柱，两侧对称排列，最高柱为 3～3.1 米，中间柱为 2.4～2.7 米，最短柱为 1.7～2.2 米。立柱可用木杆、竹筒或水泥柱，每隔 2 米立 1 行立柱，埋入土中 0.5 米后夯实。用适当粗细的木杆或竹片，将每个立柱纵向连接好，用铁丝绑紧。再用 3 厘米粗竹竿或竹片等每隔 30 厘米做成拱形棚架。选用透光性好，不易产生雾气和水滴的无滴膜作为大棚保温膜，先将无滴膜用熨斗连接好，选一个无风日将其铺在棚架上，然后再铺一层草帘，上面再铺一层 10～15 厘米厚的麦秸，麦秸上再敷一层塑膜，最后再盖一层草帘。冬季时还应有 20 厘米厚的保温材料。

3. 鸡舍面积 鸡舍面积直接影响鸡的饲养密度，合理的饲养密度可使鸡获得足够的活动范围，充足的饮水、采食空间，有利于鸡群的生长发育。

通常地面平养情况下，雏鸡、中鸡和蛋鸡饲养密度为：0～3 周龄每平方米 20～30 只，4～9 周龄为每平方米 10～15 只，10～20 周龄为每平方米 8～12 只，20 周龄后为每平方米 6～8 只。密度过大后会限制鸡的自由活动，并且造成空气污染、温度增高，还会诱发啄肛、啄羽等现象发生。由于拥挤，有些弱鸡经常吃不到足够的饲料，结果体重不够，造成鸡群均匀度过低。密度过小，会增加设备和人工及各种分摊费用，保温也较困难。

4. 屋顶形状 鸡舍屋顶形状有很多种，如单坡式、双坡式、双坡不对称式、拱顶式、平顶式、钟楼式和半钟楼式等，见图2-1。

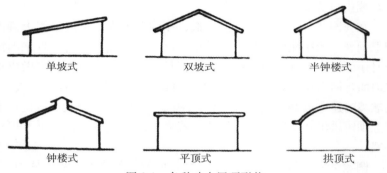

单坡式　　　　　双坡式　　　　　半钟楼式

钟楼式　　　　　平顶式　　　　　拱顶式

图2-1　各种鸡舍屋顶形状

一般根据当地的气候、建筑材料的价格、鸡场的规模和通风换气要求等因素来决定鸡舍屋顶形状。单坡式鸡舍一般跨度较小，适合小规模的养鸡场；双坡式或平顶式鸡舍跨度较大，适合较大规模的鸡场；双坡不对称式鸡舍，采光和保温效果都好，适合我国北方地区。在南方干热地区，屋顶可适当高些以利于通风，北方寒冷地区可适当矮些以利于保温。

生产中大多数鸡舍采用三角形双坡屋顶，顶部呈拱形或"人"字形。顶架最好是钢材或硬质的木材，屋顶材料要求绝热性能良好，以利于夏季隔热和冬季保温。

5. 墙壁和地面 墙壁是鸡舍的围护结构，要求能防御外界风雨侵袭，隔热性能良好，为舍内的鸡提供适宜环境。墙壁的高度和厚度取决于鸡舍类型和当地的气候条件。过去多用砖混结构，现多用彩钢板结构，内墙设计上应做到能防潮和便于冲刷。

开放式鸡舍育雏室要求墙壁保温性能良好，并有一定数量可开启、可密闭的窗户，以利于保温和通风。鸡舍地面应高出舍外地面0.3～0.5米，舍内应设排水孔，前后墙地面和中间地面要有一定的坡度，以便舍内污水顺利排出。永久性鸡舍地面最好为混凝土地面，保证地面结实、坚固，便于清洗、消毒；简易临时鸡舍考虑以后的农田复耕也可以采用土地面。在潮湿地区修建鸡舍时，混凝土地面下应铺设防水层，防止地下水湿气上升，保持地面干燥。

鸡舍前、后墙壁还分全敞开式、半敞开式和开窗式几种。敞开式一般敞开1/3～1/2，敞开的程度取决于气候条件和鸡的品种。半敞开式鸡舍在前、后墙壁设计一定程度的敞开部位，但在敞开部位安装防护网后加装上玻璃窗，或沿纵向装上尼龙布等耐用材料做成的卷帘，这些玻璃窗或卷帘可关、可开，根据气候条件和通风要求随意调节。开窗式鸡舍则是在前、后墙壁上安装一定数量的窗户，用来调节室内温度和通风。

6.门窗和通气孔 鸡舍门一般设在南向鸡舍的南面或两端。一般单扇门高2米、宽1米；两扇门高2米、宽1.6米左右，门前不设门槛。

鸡舍的窗户应考虑鸡舍的采光和通风，开放式鸡舍可设在前后墙上，前窗应宽大，可靠近地面，以便于采光。后窗应小，为前窗的1/2～2/3，稍远离地面，以利于夏季通风。寒冷地区的鸡舍在基本满足光照和夏季通风的前提下，窗户的数量应尽量少、小。

通气孔的设置依通气方式不同而异。自然通风的鸡舍，应在鸡舍纵向墙壁的顶部均匀设一排通气孔。采用机械通风方式的鸡舍，进气口和排气口要对称。

（王虹　王立斌）

■ 专题三　养鸡设施与设备 ■

一、环境控制设备

对于所有优良的鸡品种而言，如果没有良好的环境控制设备来保持鸡舍的环境，就不能充分发挥其生产性能，因此，良好的环境控制设备是鸡场保证经济效益的基础。

1. 通风换气设备　通风设备（图 2-2）一般有轴流式风机、离心式风机、吊扇和圆周扇。通风方式可采用风扇送风（正压通风）、风扇抽风（负压通风）和联合式通风。在鸡舍内空气纵向流动的位置安装风机，这样通风效果才最好，风扇的数量可根据风扇的功率、鸡舍面积、鸡体重大小和数量、舍内温度来计算。

图 2-2　通风设备

2. 供温设施与设备

（1）烟道　烟道供温有地上水平烟道和地下烟道两种。地上水平烟道是在育雏室墙外建一个炉灶，根据育雏室面积在室内相应用砖砌成一个或两个烟道，一端与炉灶相通。烟道排列形式因房舍而定，烟道另一端穿出对侧墙后，沿墙外侧建一个较高的烟囱，烟囱应高出鸡舍 1 米左右，通过烟道对地面和育雏室空间加温。地下烟道与地上烟道相比差异不大，只是炉灶和室内烟道建在地下。应注意烟道不能漏气，以防一氧化碳中毒。

（2）煤炉　煤炉由炉灶和铁皮烟筒组成。使用时先将煤炉加煤升温后放进育雏室内，炉上加铁皮烟筒，烟筒伸出室外，烟筒的接口处必须密封，以防煤烟漏出，导致雏鸡发生一氧化碳中毒，烟筒由煤炉到室外要逐步向上倾斜，到达室外后应垂直指向上方，并要根据室外的风向进行调整。

煤炉周围 15 厘米要用铁丝网或石棉瓦等隔离，以防雏鸡进入煤炉烧死或周围垫料燃烧引起火灾。如果育雏舍保温性能良好，一般每 15～20 米² 配置一个煤炉。此方法适用于较小规模的养鸡户使用，方便简单。

（3）保温伞 保温伞由伞部和内伞两部分组成。伞部用镀锌铁皮或纤维板制成伞状罩，内伞有控温系统、热源、灯泡等（图 2-3）。自动控温系统可根据设定的温度，自动控制热源的供热。热源有电阻丝、电热管或燃气热源等，安装在伞内壁周围，伞中心安装电灯泡用于夜间照明。1.5 米的保温伞可育雏鸡 300～400 只。应用保温伞育雏时，要求能保证室温 24℃以上、伞下缘距地面高度 5 厘米处温度可达 35℃，雏鸡可以在伞下自由出入。

图 2-3 育雏伞

保温伞育雏时，要配套有护围，防止雏鸡育雏开始时走失，找不到热源，雏鸡 3 日龄后护围逐渐向外扩大，10 日龄后撤掉护围，此种方法一般用于平面育雏。当冬季使用保温伞育雏时，多半需要有暖气或煤炉等其他室内加热设备。

（4）红外线灯泡 利用红外线灯泡散发出的热量育雏，简单易行，被广泛使用。为了增加红外线灯的取暖效果，可在灯泡上部制作一个大小适宜的保温灯罩，红外线灯泡的悬挂高度一般离地25～30 厘米。

一只 250 瓦的红外线灯泡在室温 25℃时一般可给 110 只雏鸡

供温，20℃时可给 90 只雏鸡供温。采用红外线灯泡育雏时最好配套用乳头饮水器，因为其他饮水方式可能将水点抛向红外线灯泡，一旦发生这种情况，灯泡将会爆炸。同保温伞育雏一样，在冬季用红外线灯泡育雏，也要配套其他室内加热设备。

（5）远红外线加热板　远红外线加热板是由一块电阻丝组成的加热板，板的一面涂有远红外涂层（黑褐色），通过电阻丝热激发红外涂层，而发射一种肉眼见不到的红外光，使室内加温。

安装时将远红外线加热板的黑褐色涂层向下，离地 2 米高，用铁丝或圆钢、角钢等固定。8 块 500 瓦远红外线加热板可供 50 米²育雏室加热。最好是在远红外线加热板之间安上一个小风扇，使室内温度均匀，这种供热法耗电量较大，但育雏效果较好。

（6）其他供暖设备　如暖气、辐射采暖板、采暖散热片、暖风机、热风炉等。

3. 降温设施与设备　炎热对鸡场的正常生产带来不利影响，可以造成肉鸡采食量下降、生长缓慢、增重减少，蛋鸡产蛋率下降。因此，夏季要特别注意鸡场的防暑降温。鸡场需结合实际情况选择合适的设备，采取不同的措施使鸡舍达到降温效果。

（1）风扇（排气扇、壁扇、落地扇）　安装风扇可以保持鸡舍内通风，吹走鸡体的热量和舍内有害气体。

（2）湿帘风机　在有窗式或密闭式鸡舍中，湿帘纵向通风降温系统是降温效果最有效的，被广泛应用。优点是通风散热效果明显，操作简单，工作人员只需开关启动。缺点是保养不到位容易损坏，停电或出现故障停止工作；温度不均，进风口凉，末端热，空气湿度大。

湿帘/风扇降温系统是利用水的蒸发降温原理来实现降温目的，系统一般由湿帘箱、循环水系统、轴流式风机和控制系统四部分组成（图 2-4）。湿帘（水帘）降温主要利用水蒸发过程中吸收空气中的热量，使空气温度下降的物理学原理。在实际中与负压风机配套使用，湿帘装在密闭房舍一端山墙或侧墙上，风机装在另一端山墙或侧墙上，达到防暑降温的目的（图 2-5）。

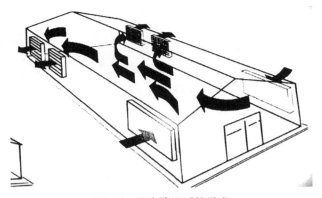

图 2-4　湿帘降温系统示意

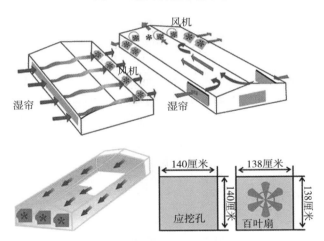

图 2-5　湿帘降温系统布局示意

4. 光照控制设备　光照控制设备包括照明灯、电线、电缆、光照控制系统和配电系统。密闭鸡舍使用的有遮光流板和可编光照程序控制器。光照控制器（图 2-6）可按程序设定开灯、关灯时间指令，简单方便，控时精确，光照强度可调，开关灯有渐明和渐暗功能，可消除应激反应，防止惊群，并延长灯泡使用寿命。

鸡场（户）要根据鸡舍的结构与数量、采用的灯具类型和用电

37

功率、饲养方式来进行合理选择。用户要考察控制器的类型、价格、质量、售后服务及其他用户的使用情况。不要购买价格便宜、使用寿命短或无咨询服务的控制器。有些厂家对电器元件、开关、线路板选择不当，结构设计不合理，安装、调试、维修均较麻烦。

控制器要安装在干燥、清洁、无腐蚀性气体和无强烈振动的室内，阳光不要直射控制器，以延长其使用寿命，最好不要安装在鸡舍内。有光敏探头的控制器，要将光敏探头安放在窗外或屋檐下固定，但光敏探头不能晃动、受潮。

图 2-6　光照控制器

控制器使用一段时间（2～3 个月）后，要检查电源线的接线情况、时钟的时间、定时的程序、光敏的灵敏度、电池和手动开关是否完好等，有的需调整，有的需更换，光敏探头的灰尘要擦掉。特别是有些用户鸡群淘汰后，把电闸拉下，过一段时间后再使用时，控制器往往不能用，原因是控制器的充电电池的电量放完，电池失效，只有更换电池，经调整后才能继续使用。

二、饲养设备

1. 笼网设备

（1）平面网上育雏设备　雏鸡饲养在鸡舍内离地面一定高度的平网上，平网可用金属、塑料或竹木制成，平网离地高度为 80～100 厘米，网眼为 1.2 厘米×1.2 厘米。这种方式雏鸡不与地面粪便接触，可减少疾病传播。

（2）立体育雏设备　雏鸡饲养在鸡舍离开地面的重叠笼或阶梯笼内，笼子可用金属、塑料或竹木制成，规格一般为 1 米×2 米。

（3）鸡笼　可分为全阶梯式和半阶梯式，还有层叠式和平置式；半阶梯式相对于全阶梯式提高了饲养密度，层叠式是目前比较先进的鸡笼，每平方米可以饲养 50 只以上蛋鸡，但要求的自动化控制水平高。

（4）育成鸡笼 一般采用 2～3 层重叠式或半阶梯式笼。通常每平方米饲养 10 只左右，此鸡笼的尺寸为 187.5 厘米×44 厘米×33 厘米，可饲养育成鸡 20 只，肉用仔鸡可适当增多。

（5）产蛋鸡笼 可分为深笼和浅笼，深笼笼深为 50 厘米，浅笼笼深为 30～35 厘米。根据不同的规格可分为轻型、中型及重型产蛋鸡笼。蛋鸡笼一般每格可容纳 3～5 只鸡；一个单笼可饲养 20～30 只鸡。

（6）全阶梯式鸡笼 组装时上下两层笼体完全错开，常见的为 2～3 层。优点：鸡粪直接落于粪沟或粪坑，笼底不需设粪板，如为粪坑也可不设清粪系统；结构简单，停电或机械故障时可以人工操作；各层笼敞开面积大，通风与光照面大。缺点：占地面积大，饲养密度低，为每平方米 10～12 只，设备投资较多，目前我国采用最多的是蛋鸡三层全阶梯式鸡笼。

（7）半阶梯式鸡笼 上下两层笼体之间有 1/4～1/2 的部位重叠，下层重叠部分有挡粪板，按一定角度安装，粪便清入粪坑。因挡粪板的作用，通风效果比全阶梯差，饲养密度为每平方米 15～17 只（图 2-7）。

图 2-7 半阶梯式鸡笼

2. 饮水设备 饮水设备常用的有水槽、真空式、吊塔式、乳头式、杯式等多种（表2-1）。

平养鸡舍多用真空式和吊塔式或乳头式，其中乳头式饮水器具有较多的优点，可保持供水的新鲜、洁净，极大地减少了疾病的发病率；节约用水，水量充足且无湿粪现象，改善了鸡舍的环境。

（1）长形水槽 这是一种常用的饮水器，一般用镀锌、铁皮或塑料制成。饮水槽分V形和U形两种，材料有镀锌板、塑料、玻璃钢、搪瓷等，深50～60毫米，上口宽50毫米，长度按需要而定。优点是结构简单，成本低，便于饮水免疫。缺点是耗水量大，易受污染，刷洗工作量大。

（2）真空式饮水器 由聚乙烯塑料桶和水盘组成，桶倒扣在盘上。水由壁上的小孔流入饮水盘，当水将小孔盖住时即停止流出，适用于雏鸡和平养鸡。优点是供水均衡，使用方便，但清洗工作量大，饮水量大时不宜使用（图2-8、图2-9）。

图2-8 真空式饮水器

（3）吊塔式饮水器 除少数零件外，其他部位用塑料制成，主要由上部的阀门机构和下部的吊盘组成。阀门通过弹簧自动调节并保持吊盘内的水位。常用绳索或钢丝悬吊在空中，根据鸡体高度调节饮水器高度，适用于平养，一般可供50只鸡饮水用。优点是节约用水，清洗方便（图2-9）。

图 2-9　真空式饮水器和吊塔式饮水器

（4）乳头式饮水器　现代最理想的一种饮水器。乳头式饮水器由阀芯与触杆组成，阀芯直接与水管相连，由于毛细管的作用，触杆的端部经常悬着一滴水，每当鸡需要饮水时，只要啄动触杆，水即流出，当鸡饮水完毕，不再啄动触杆，触杆将水路封闭，水即停止外流。这种饮水器优点是既节约用水又利于防疫，并且不需要清洗，经久耐用不需要经常更换。缺点是每层鸡笼均需设置减压水箱，不便进行饮水免疫，对材料和制造精度要求较高。

乳头式饮水器要安装在鸡的上方，让鸡抬头饮水，要随鸡体重的变化逐步调高饮水器的高度（图 2-10）。

图 2-10　乳头式饮水器

（5）杯式饮水器　饮水器呈杯状，与水管相连，此饮水器采用杠杆原理供水，杯中有水能使触板浮起，由于进水管水压的作用，平时阀帽关闭，当鸡吸触板时，通过联动杆即可顶开阀帽，水流入杯内，借助于水的浮力使触板恢复原位，水不再流出。缺点是水杯需要经常清洗，且需配备过滤器和水压调整装置。

（6）过滤器和减压装置　过滤器能滤去水中的杂质。鸡场一般使用水塔供水，其水压为 $51\sim408$ kPa，适用于水槽或吊塔式饮水器饮水，若使用乳头式或杯式饮水系统时，必须安装减压装置。减压装置常用的有水箱和减压阀两种，特别是水箱，结构简单，便于投药，生产中使用较普遍。

表 2-1　各饮水系统的主要部件和性能

名称	主要部件及性能	优缺点
水槽	①长流水式由进水龙头、水槽、溢流水塞和下水管组成，当供水超过溢流水塞时，水即由下水管流进下水道；②控制水面式由水槽、水箱和浮阀等组成，适用于笼养和平养	优点：结构简单； 缺点：耗水量大，疾病传播机会多，刷洗工作量大，安装要求高
真空式饮水器	由聚乙烯塑料桶和水盘组成。桶倒装在盘上，水通过桶壁小孔流入饮水盘，当水将小孔盖住时即停止流出，保持一定水面。适用于雏鸡和平养鸡	优点：自动供水，无溢水现象，供水均衡，使用方便； 缺点：不适于饮水量较大时使用，每天清洗工作量大
吊塔式饮水器	由钟形体、滤网、大小弹簧、饮水盘、阀门体等组成。水从阀门体流出，通过钟形体上的水孔流入饮水盘，保持一定水面。适用于大群平养	优点：灵敏度高，利于防疫、性能稳定、自动化程度高； 缺点：洗刷费力
乳头式饮水器	由饮水乳头、水管、减压阀或水箱组成，还可以配置加药器。乳头由阀体、阀芯和阀座等组成。阀座和阀芯是不锈钢制成，装在阀体中并保持一定间隙，利用毛细管作用使阀芯底端经常保持一个水滴，鸡啄水滴时顶开阀座使水流出。平养和笼养都可以使用。雏鸡可配各种水杯	优点：节省用水、清洁卫生，只需定期清洗过滤器和水箱，节省劳力。经久耐用，不需更换。对材料和制造精度要求较高； 缺点：质量低劣的乳头饮水器容易漏水

3. 喂料设备

（1）料槽 平养成鸡应用得较多，适用于干粉料、湿料和颗粒料的饲喂，根据鸡大小而制成大、中、小长形食槽。小规模散养时，人工供料的料槽长度一般为1～1.5米，为防止鸡踏入料槽弄脏饲料或在槽边栖息，可在槽上安装一个转动的横梁。

（2）料桶 由塑料制成的料桶、圆形料盘和连接调节机构组成。料桶与料盘之间有短链相接，留一定的空隙。料桶包括一个无底的圆桶和一个直径比圆桶大的料盘，通过调节圆桶与料盘的间距来控制供料的快慢，当鸡将料盘中的饲料采食完，圆桶中的饲料通过与料盘的间隙自动补充到料盘中。圆桶中没有饲料后，要人工补充添加，料桶只能用于人工供料。

（3）喂料机 有链式、塞盘式、螺旋弹簧式等。给料车有骑跨式给料车、行车式给料车、手推式给料车等。料槽、料盘既可用于机械化供料，也可用于人工供料。

（4）链板式喂料机 普遍应用于平养和各种笼养成鸡舍，由料箱、链环、长饲槽、驱动器、转角轮和饲料清洁器等组成，链环经过饲料箱时将饲料带至食槽各处。

（5）螺旋弹簧式喂料机 广泛应用于平养成鸡舍。电动机通过减速器驱动输料圆管内的螺旋弹簧转动，料箱内的饲料被送进输料圆管，再从圆管中的各个落料口掉进圆形食槽（图2-11）。

（6）塞盘式喂料机 是由一根直径为5～6毫米的钢丝和每隔7～8厘米一个的塞盘组成（塞盘是用钢板或塑料制成的），在经过

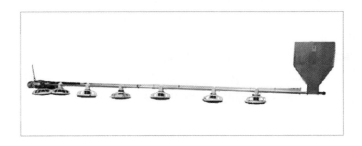

图 2-11 螺旋弹簧式喂料机

料箱时将料带出。优点是饲料在封闭的管道内运送，一台塞盘式喂料机可同时为 2~3 栋鸡舍供料。缺点是当塞盘或钢索折断时，修复麻烦且安装对技术水平要求高。

三、清粪设备

常用的牵引式刮粪机一般由牵引机、刮粪板、框架、钢丝绳、转向滑轮、钢丝绳转动器等组成。通常在一侧设有贮粪沟。它是靠绳索牵引刮粪板，将粪便集中，刮粪板在清粪时自动落下，返回时，刮粪板自动抬起。主要用于鸡舍内同一个平面一条或多条粪沟的清粪，一粪沟与相邻粪沟内的刮粪板由钢丝绳相连，可在一个回路中运转，一刮粪板正向运行，另一个则逆向运行，也可楼上楼下联动同时清粪。钢丝绳牵引的刮粪机结构比较简单，维修方便，但钢丝绳易被鸡粪腐蚀而断裂。常见的清粪设备见图 2-12。

图 2-12　清粪设备

四、其他设备

1. 断喙器　有各种型号，使用方法也各不相同。但基本原理都是采用红热烧切，在断喙的过程中又进行止血。

断喙器主要由调温器、变压器、上（动）刀片和下刀口组成（图 2-13）。它通过变压器将 220 伏变成低电压大电流，使动刀片的工作温度达 820℃以上，通过调温器可以改变刀片温度的大小，以适应不同日龄鸡的需要。

图 2-13　断喙器

动刀片是断喙器的主要工作部件，刀片的红热程度直接影响到断喙的质量，当断喙的鸡数达到一定数量后，刀片的红热程度有所下降，这时应关掉电源，将刀片卸下，用砂纸打磨刀片的接触部位，然后装紧刀片继续断喙。一定要保证上述操作时断电，因为带电操作不安全，并且带电拧紧螺丝，极易将螺丝拧坏。

2. 诱虫设备 有黑光灯、高压灭蛾灯、荧光灯、白炽灯、电杆、电线、性激素诱虫盒等。没有电源的地方还要有小型风力发电机和蓄电池或太阳能蓄电池，有沼气的地方也可用沼气灯作为光源。

3. 捉鸡工具

（1）捕鸡兜 捕鸡兜是一个直径 30～40 厘米的圆圈，固定在约 1.5 米高的手柄上，圆圈上有一个半封闭的线绳网兜或塑料网兜。使用时用网将鸡扣在地面，也可沿地面将鸡兜入网中，捕鸡兜适于户外捉鸡。

（2）捉鸡钩 捉鸡钩用稍带钢性的 8♯ 铁丝做成，长度相当于人的体高，过长或过短在钩鸡使用时都不方便。将一端弯成手柄，另一端弯成不对称的 W 弯，根据所捕捉鸡胫骨的粗细调节 W 弯张开角度，捉鸡钩适合在大群中捉鸡。

（3）拦鸡网 拦鸡网用木框或钢筋架和铁丝网制成，一般将高130 厘米、宽 50 厘米的网片 6～8 片用铁丝、绳子等连在一起，使用时将鸡圈围在网中，人进入网中捉鸡。

4. 免疫及清洗消毒设备 主要有火焰消毒器、喷雾消毒器、高压冲洗消毒机、自动喷雾器和连续注射器等。

（曹蕊 李文钢）

■ 专题四 舍内环境控制方法 ■

环境控制是饲养管理中最重要的一环。合理调节鸡舍环境条件，可以减少鸡受到应激的影响，使其发挥出最佳生产性能。

一、温度控制

1. 温度控制的目的 鸡是恒温动物，需要有一个合适的"适温区"范围，即适宜温度范围。当环境温度在此范围内变化时，鸡体所产生的代谢热 75%～95% 靠物理方法经辐射、传导、对流等途径散失，其余经呼吸道散发。因此，为雏鸡、产蛋鸡、商品肉鸡提供良好的温度环境，能够保证健康生长发育，充分发挥其生产性能和繁殖性能，提高增重速度和饲料报酬。

2. 舍内温度控制的要求　雏鸡的适宜温度是 30～35℃；成年鸡的适宜温度是 18～23℃；商品肉鸡 18℃ 增重最快。不同日龄鸡的温度要求见表 2-2、表 2-3。

表 2-2　不同日龄雏鸡的温度要求

日龄	笼养	平养	
	舍内温度（℃）	保温伞边缘垫料上方（℃）	舍内温度（℃）
1～3	33	35	24
4～7	31	32	24
8～14	29	30	21
15～21	26	27	21
22～28	24	24	21
29 日龄以后	21	21	21

表 2-3　不同周龄鸡的温度要求

饲养阶段	温度（℃）	要求
3 周龄	31～33	
4 周龄	29	①1～35 日龄的温度均是在人为因素控制下所要达到的温度；②1～35 日龄内每周分两次降温；③6 周龄后的舍内温度，冬季最低不低于 13℃、夏季最高不高于 35℃；④6 周龄后的温度为供参考的适宜值
5 周龄	27	
6 周龄	25	
7～17 周龄	18～25	
18 周龄以后	18～25	

3. 如何"看鸡施温"　舍内温度是否合适，温度计上显示的温度只是一个参考值，最主要应学会"看鸡施温"，即注意观察鸡的行为表现和听鸡的叫声，即所谓的"看鸡施温"。

（1）当鸡群表现扎堆、精神不振时，发出尖锐短促的叫声，饮水采食活动减少，向热源靠近，说明温度低，要适当加温；如果雏鸡聚集一堆并尽量靠近热源，并发出唧唧的叫声，此时表明温度偏低，应该加大热量供给。

（2）当鸡群两翅展开，伸颈，张口喘气，饮水增加，食欲减退，说明温度过高，要适当降温；如果雏鸡远离热源，翅膀和嘴张开，呼吸加快，饮水增加，并发出吱吱的叫声，表明温度偏高，此时应加大通风，减少热量供给。

（3）当鸡群表现活泼好动，精神旺盛，叫声轻快，羽毛光顺，饮水适度，均匀分布于笼底，头颈伸直熟睡，无异状或不安的叫声，说明温度正常。如果雏鸡活泼好动，吃食饮水都正常或者雏鸡在休息时能够均匀舒适地分布在育雏器的育雏平面上，此时表明温度适宜。

4. 鸡舍降温的方法

（1）绿化降温

①植树　鸡舍两旁种植高大树木，避免炙热的阳光直射，起到遮阴作用，使鸡在树荫下栖息，降低养殖密度。

②种草　在鸡舍周围种植草坪，利用草坪吸附热量，避免阳光反射。

③种植爬藤植物　在靠近鸡舍处种植爬山虎、丝瓜等植物，让植物爬满舍顶，起到隔热遮阴作用。优点是成本低、无需管理，改善鸡场环境。缺点是降温效果需要等植物生长茂盛时才可体现且容易引来野鸟，为鸡场疾病防控带来风险。

（2）石灰喷房顶　将鸡舍外墙和房顶利用白石灰或白水泥，涂成白色提高外表面的反射能力和热散失率。

（3）隔热层　鸡舍离鸡体2米高的地方用2厘米左右的白色泡沫塑料做一层天花板，可将大量热空气隔在天花板上面，使舍内温度下降；或在鸡舍的屋面上覆盖一层10～15厘米厚的稻草或麦秸，撒上凉水，并保持长期湿润，可以阻止热量被吸入舍内。

（4）凉棚　离鸡舍较近的活动场地上搭凉棚遮阴优点是降低温度，不影响鸡舍内环境，成本低，易操作。缺点是易损坏。

（5）安装通风设备 夏天为了排出顶室中的热空气，必须安装某种通风设备，如排风扇（图2-14）。通常是在三角屋顶下或一端安装吸气换气装置，并在鸡舍顶室的一端有空气入口，以气流散失顶室热量。

图2-14 鸡舍排风扇

（6）安装喷淋装置 有条件的可在屋顶安装喷淋水管，天热时低压喷淋冷水，也可使用喷雾系统降温。在鸡舍中间每隔15米安放一台风机排成一行，构成纵向气流，在每个风机前面安装喷头，每小时喷洒4～12升细微水雾，水雾通过空气蒸发吸热，从而降低舍温。气温超过32℃时，可采用旋转式喷头喷雾器向鸡舍的顶部或墙壁喷水，还可选用高压式低雾量喷雾器向鸡体上直接喷水，每天上、下午各喷一次。有条件的也可在进风口处设置水帘，空气温度降低后再进入鸡舍效果更好。

（7）加强通风换气 开放式鸡舍要打开门、窗，使空气自由流通。与机械通风配合使用，补充自然通风的不足。当气温在27℃以上时就必须用机械送风，这样可按鸡群需要控制通风量和气流速度，调节舍内温度和湿度，促进鸡的体热散失。夏季应加大鸡舍通风量。鸡体周围的气流速度，夏季以1.0～1.5米/秒、冬季以

0.3～0.5米/秒为宜。

（8）降低饲养密度 适当降低鸡的饲养密度，供给鸡清凉的饮水；每天早晨在鸡舍四周洒水、保持周围潮湿，对降低舍内温度也有一定效果。

5. 鸡舍升温的方法 冬季天气寒冷，为降低饲养成本，冬季鸡舍保温节能已成为当前的一个严重问题。采取安装温控器、导风管、暖风炉、吊烟筒以及搭建保温棚等节能措施，既可以提高鸡舍的保温效果，又可以维持舍内空气新鲜卫生，减少疾病的发生，达到降低养鸡成本、提高养殖效益的目的。

（1）安装温控器 利用温控器控制对舍内温度进行自动监控，根据温度范围自动分级打开相应的热风炉加温、风机降温等设备，有效调控鸡舍的温度和通风量，实现最小通风量管理，这样既能使鸡舍的温度满足鸡的正常生长发育的需要，又节约了煤炭，同时还减少了冷风对鸡体的应激。

（2）安装导风管 安装导风管有利于控制最小通风量，同时又避免冷风直接吹到鸡体上，降低了鸡的应激反应，既维持了室内温度，又能保证空气的质量，降低了呼吸道疾病的发生。如果采取此项措施，关闭进风口，既可节省能源，又可以提高饲养效益。

一种方法是在鸡舍两侧纵墙每隔4米安装一个直径为16～18厘米、长度为3.5～4米的导风管，沿顶棚安装，采用塑料、聚氯乙烯、玻璃钢等轻质材料。

另一种就是一根通风管从鸡舍外端进入鸡舍后，横穿整个鸡舍，中间不断开，在管壁上打孔即可。该种模式虽然成本稍高，但鸡舍内通风的均匀性较好。鸡舍通风管的安装数量一般根据公式计算：通风管的总进风面积＝鸡舍内1台常用大风机的通风面积×2。在具体安装时，除了要求管与管的间距是均匀分布、小孔的位置尽量朝上方外，再需要注意的就是，为保证冷空气从小孔出来后，有充足的与鸡舍内热空气混合的时间，通风管距离鸡群顶部一定要有足够的距离，若侧墙较低通风管可以做拐弯处理。若是不能做拐弯处理，也可以通风管进入鸡舍后，斜着向上到达鸡舍中间，然后在中间处使用拐角或软管将两根通风管连接起来。

（3）暖风炉供暖　在所有的供暖方式中，以暖风炉热效率最高，升温快，相对于传统取暖方式能节省 30%～50%。暖风炉点燃后直接加热，热能利用率极高。风机人性化设计，更节能、更高效。温度由自动控制仪控制，最大程度上节省了电能。供热不需暖气片，不用水，操作安全；不烧棚、不熏棚、无需维修，安装方便。能最大限度地满足舍内温度的需要，易于节省工本。因为冬季舍内排出的废气与补充的新鲜空气温差可达 30～45℃，废气余热（包括显热和及少量的潜热）有一定的利用价值。因此，为解决通风换气与保温这一对矛盾，可采用舍内废气中的余热暖风炉，能够减少能源浪费，提高养殖效益。

（4）使用传统火炉加吊烟筒方式　如果采用火炉供暖，要尽量延长烟筒在舍内的循环长度，使煤燃烧产生的热量尽可能散发在鸡舍内，减少热能的浪费，以出烟口手摸不到热为准，一般烟筒长度在 20 米左右。

（5）搭建保温棚　目前一些养殖户通过在鸡舍外墙前后两面搭建塑料薄膜保温棚的方法，借助太阳能供温，这样既吸收了太阳的热量，又减少了鸡舍热量的散失，还可节能 1/3 左右，同时又避免冷风直接吹进鸡舍造成冷应激，这项新措施得到了广大养殖户的认可。

（6）其他保温措施：①封堵窗口。如果有条件，可以采用塑钢、铝合金材质的门窗，玻璃用双层加厚规格，成本虽高，但免除了年年封堵的繁琐。条件差的可以通过用聚苯板、棉门帘及多层塑料的方法将窗封严，再用木条或纸板将内层保温材料加固、钉死，避免冷风直接进入鸡舍，起到很好的保温效果。②舍内吊顶。对于舍内高度过高或顶棚保暖效果不好的，可在舍内吊一顶棚（塑料或聚苯板），或在房顶铺设一层保温棉毡或秸秆（稻草、麦秸等），以提高保温效果，减少热量散失。③增加墙体厚度。有些养殖户的鸡舍墙体轻薄，为了减少热量的损失，维持室内的温度，可以采用墙内或外贴加一层聚苯板，板的厚度可以根据墙体的厚度灵活掌握，如果做得好，这项措施可节省能源 1/4。④设地上或地下烟道。如果鸡舍内设置有地下或地上烟道供暖，应添加一定的燃料，同时注意防止烟道漏气。地上烟道比地下烟道热，利用率高，地下烟道比地上烟道节省空间。⑤采用热风袋或水暖。舍内笼养鸡，可在鸡舍外生火炉，通过热风带或暖气管对鸡舍集中供暖，同时注意通风和防火工作。火口要设在舍外，也可将煤炉放置在舍内供暖，但鸡舍内要注意留有一定数量的通风口。

6. 温度控制管理要点

（1）加强育雏前舍温控制。进雏前舍温应定在 30～32℃ 之间，以防雏鸡在盒内因密度过高，引起温度升高，导致雏鸡脱水死亡。上笼时要缓慢升温，也给了雏鸡适应环境温度的时间。

（2）进鸡第一天温度的选择应根据气候、房屋建筑和雏鸡的不同品种与健康状况来调整；通常外界温度高时，舍内温度应比正常要求低一些；外界温度低时，舍内温度应比正常要求高一些；弱雏的温度应比健雏要高一些。在育雏阶段，切忌温度忽高忽低，应始终保持一个平稳合适的温度环境。温度计一般悬挂于距笼底 5 厘米处相当于鸡背高度的位置。

（3）要制定目标温度和脱温计划，从而达到温度平稳过渡的目的，但在饮水免疫和分群等应激反应大时，降温幅度应酌情适当减小。

（4）冬季应注意做好保暖工作。鸡舍的门窗，在夜间或风雪天要挂草帘遮盖，有利于提高舍温，还可在鸡舍的北墙外用玉米秸等搭成风障墙挡风御寒；也可在天棚顶上加稻壳、锯末等作防寒层等。

二、湿度控制

1. 湿度控制的目的　在鸡舍环境管理中最恶劣的两种条件（高温高湿和低温、高湿）都由高湿度造成的。这主要是由于空气湿度对鸡体蒸发散热和非蒸发散热都有影响，因此无论温度高低，高湿度对鸡的热调节都是不利的。

（1）控制雏鸡水分流失　由于刚孵出的幼雏从相对湿度为70％的孵化器中孵出，如果放在干燥的环境中，雏鸡的水分随着呼吸大量蒸发，则腹内的蛋黄吸收不良，饮水过多，易发生腹泻，导致干瘪，羽毛生长缓慢。

（2）控制病原微生物的繁殖　空气湿度过高，会引起鸡体抵抗力下降，同时能促进某些病原微生物和寄生虫繁殖，使相应的疾病发生流行。同时，鸡的羽毛粘连污秽，关节炎病会增多。

（3）控制鸡体散热　高温高湿（温度＞35℃＋相对湿度＞70％）时，鸡体蒸发散热困难，鸡群采食量减少，饮水量增加，继而使体温上升，终致中暑而死。

低温高湿环境下，鸡体主要通过辐射、传导、对流散热，高湿环境空气中水汽含量大，其热容量和导热性均高（湿空气比干空气热容量大2倍，导热性大10倍），并能吸收鸡体的长波辐射，因而使鸡体失热过多，其对鸡群的影响比单纯的低温更严重。

（4）控制舍内尘埃和悬浮粒子　鸡舍内的相对湿度如低于40％，鸡的羽毛生长不良，成鸡羽毛凌乱，皮肤干燥，空气中尘埃飞扬，微生物悬浮粒子就越多，容易诱发呼吸道病症。如果相对湿度过低，在极端情况下，也会导致鸡脱水。所以秋冬季应适当增加空气湿度，一方面减少空气中悬浮粒子的数量，另一方面湿润的空气可减轻因气候干燥引起的鸡只呼吸道充血和呼吸道毛细血管破裂，防止病原微生物通过呼吸道侵袭。

2. 湿度控制的要求　鸡的适宜相对湿度为60％～70％。相对湿度在40％～72％范围内，只要环境温度不过高或过低，鸡体也能适应这个环境，对鸡群均无显著的影响，不同饲养阶段鸡舍内湿度要求见表2-4。

表2-4　不同阶段舍内湿度要求

饲养阶段	相对湿度（％）
1～3日龄	55～70
4～7日龄	55～70

（续）

饲养阶段	相对湿度（%）
8～14 日龄	50～70
3 周龄	45～70
4 周龄	45～70
5 周龄	45～70
6 周龄	45～70
7～17 周龄	40～70
18 周龄以后	40～70

3. 增加湿度的方法

（1）设置喷雾装置　可随时加湿，保证适宜湿度。

（2）增加带鸡消毒的频率　以达到净化空气和增加湿度的目的。视育雏室的干燥情况，每日做到用背负喷雾器 2～3 次带鸡喷雾，并视室内温度高低，酌定用凉开水或温开水。如结合带鸡消毒，在水中加入 1∶1 000 的氯制剂或其他消毒剂则更佳。既调节了湿度，又净化了空气，同时可调节温度。

（3）用火碱等消毒水拖地。

（4）可适当用水喷洒地面或四周墙壁。

（5）在暖气片上泼水　育雏期加湿最好的方法。

（6）放置盛水容器　对不是水泥地面，或育雏室内没有适宜的空间洒水，可以放置一定数量的盛有水的容器，包括尚未使用的大鸡饮水器，注入清水。摆在或吊在雏鸡接触不到的位置，直至蒸发。

4. 降低湿度的主要方法

（1）升高舍内温度　是迅速降低湿度的最好方法。温度每升高 11℃，相对湿度可降低一半。

（2）加大通风量。

（3）杜绝漏水　杜绝供水系统各部分的漏水包括水线管接头、乳头饮水器、饮水系统末端漏水等，保证每个乳头的位置和高度都合适，以免鸡体触上漏水以及饮水时高度不适洒漏太多。

（4）禁止冲刷鸡舍　禁止大面积冲刷鸡舍地面、走廊，防止水分蒸发、湿度上升而温度降低。

（5）减少带鸡消毒的次数和用水量　减少每次带鸡消毒的用水量，以达到降粉尘净化空气的目的，避免过多水喷到鸡身上和洒到地面上。

（6）清除积水　经常清扫走道两边的积水（至少三遍），特别是下午下班前必须清扫一遍，以免增加夜间的湿度。

（7）铺生石灰吸湿　在鸡舍地面长时间、大面积积水情况下，可铺生石灰吸湿，但必须小心铺撒以及及时更换湿的生石灰。

三、通风控制

1. 通风换气的目的

（1）供氧　给鸡舍提供足够的流通新鲜空气，满足鸡对氧气的需要。

（2）调温　调节舍内温度，确保舍内前后、昼夜、早晚等温度均匀，给鸡提供适宜于其生长发育和繁殖的温度。

（3）排污排湿　排出鸡舍内的灰尘颗粒和湿气，降低舍内湿度，排出氨气、硫化氢、二氧化碳等，降低舍内有害气体浓度。

（4）保持稳定　控制鸡舍的有效温度、湿度和风速等，保持舍内环境的相对稳定，不因自然气候的变化而出现大的波动。

2. 舍内空气质量要求

（1）简易判定方法　以人进入鸡舍后不能够闻见氨气味、臭味为标准。若进入鸡舍后感觉有臭气，则表示鸡的环境条件略差；若接近鸡舍就感到有臭气，更有甚者，接近鸡场就感到臭气，这是整个鸡舍或整个鸡场换气不良的证据。

（2）通风换气是否良好的另一判断标准是看鸡冠颜色。换气良好，则整个鸡冠呈鲜红色（从冠峰到冠底），整个鸡群成活率高，发病少；反之，若鸡冠红中泛白，或冠底部苍白，成活率低，产蛋下降。

3. 通风管理的方法

（1）窗户的设置　应设置上、下两层窗户，并且两层窗户之间的垂直距离应尽可能拉大。

（2）加大窗户面积　在夏季炎热而少风的地区，可设置面积较大的普通窗户，且于两侧墙对开，若能使窗户与夏季主风向相对，则通风、降温效果更好。

在夏季炎热而多风的地区，可考虑设计鸡舍的长轴与主风向平行，形成纵向穿堂风，这样更有利于通风和降温。

（3）配合机械通风　若鸡舍跨度在9米以内，通过正确设计，仅自然通风就可以解决好通风换气问题；若鸡舍跨度在9米以外时，则应配合机械通风。

（4）纵向通风　气候炎热的地区采用纵向通风，在鸡舍一端设置进风口，另一端设排风机，这样运作起来整个鸡舍犹如矿井的巷道一样，舍内形成较大的风速，犹如在炎热天吹风一样，使鸡体感到凉快。如果能再配合湿帘降温，则效果更好。

（5）横向负压通风　一般将风机安装在一面墙上，最好在北面；进风口放在南墙；排风机由通风系统的温度控制器控制。风速缓慢，适用于冬季（图2-15）。

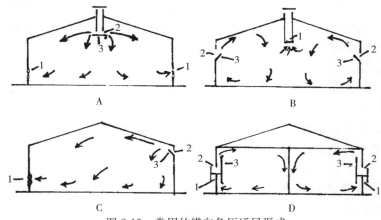

图2-15　常用的横向负压通风形式
A. 舍内中央上部进气，两侧墙下部排气　B. 中央排气
C. 一侧墙上部进气，另一侧墙下部排气　D. 同侧进排气
1. 排风机　2. 进风口　3. 风向导板

（6）正压通风系统　正压通风系统是另一种不太普遍应用的通风方法，风机将空气强制送入鸡舍，使舍内形成正压状态，正压迫使舍内空气由排气口和自动百叶窗排出鸡舍，空气通常是通过纵向放置、等于鸡舍全长的管子而分布在舍内。

（7）安装简易排风扇　育成鸡对环境的适应能力比雏鸡强，但随着生长和采食的增加，呼吸和排泄量逐渐增加，加之换羽使得舍内干燥，造成舍内空气污浊，可在舍内安装排风扇，每天开启 3～5 次。炎热的夏季可在入口两侧加上湿帘降温，可同时起到降温通风的作用，但应注意：安装风扇的位置不是越高越好，应根据鸡群表现调整风扇位置。

四、光照控制

1. 光照控制的目的

（1）方便采食　育雏初期小鸡的视力较弱且不熟悉鸡舍内的环境，必须给予充足的光照强度和光照时间，以使小鸡尽快地熟悉环境，找到水、料。成年鸡可用于采食的时间延长，提高采食量。

（2）控制性成熟　蛋鸡控制光照主要是控制开产时性成熟和体成熟能够同时达标，合理促进繁殖器官的发育。光照对鸡的产蛋性能影响较大，合理的光照能刺激排卵，促进鸡的正常生长发育，增加产蛋量。育成期需要适当控制光照强度，以防止鸡啄羽、啄肛等。

（3）快速成长　尽可能延长肉鸡光照时间，也可以延长鸡的采食时间，满足快速成长、缩短生长周期的需要，还有光照强度要弱，为了减少鸡的兴奋和运动，提高饲料效率。

2. 开放式鸡舍光照控制方案

开放式鸡舍受自然光照影响，要通过人工补充光照来控制光照时间，因此光照管理必须要考虑当地的纬度和鸡入舍时期。有两种情况，一种情况是育雏、育成期处于日照时间不断减少的时期（每年夏至到冬至这段时期）；另一种情况是育雏、育成期处于日照时间不断增加的时期（每年冬至到夏至这段时期），见表 2-5、表 2-6。

表 2-5　光照方案（春雏，3—5 月育雏）

周龄	光照时数	备注
1	23	对照本地区太阳出没时间表，通过人工补光达到光照总时数。当育成鸡体重达标或超标后，从 16 周龄开始光照时间只能增加不能减少
1～15	自然光照	
16～17	15	
18～21	16	从 18 周龄开始每周逐渐增加 0.5～1 小时光照刺激，促进多数鸡性成熟；到达 22 周龄以后或进入产蛋高峰后维持在 16 小时光照，绝对不可以随意增减光照时数和光照强度
22～72	16	

表 2-6　光照方案（秋雏，7—9 月育雏）

周龄	光照时数	备注
1	23	对照本地区太阳出没时间表，通过人工补光达到光照总时数。当育成鸡体重达标或超标后，从 16 周龄开始光照时间只能增加不能减少
1～13	自然光照	
14～17	12	
18～19	13	从 18 周龄开始每周逐渐增加 0.5～1 小时光照刺激，促进多数鸡性成熟；到达 22 周龄以后或进入产蛋高峰后维持在 16 小时光照，绝对不可以随意增减光照时数和光照强度
20～21	14	
22～25	15	
26～72	16	

3. 半开放鸡舍光照程序　半开放鸡舍的光照时间受自然光照影响，光照程序按具体的光照时间执行，所以在制定光照程序时应与当地自然日照相结合。以下为供参考的光照程序：

（1）春季进雏　自然日照时间逐渐延长，为了防止鸡性早熟，可找出鸡在 18 周龄时的自然日照时间，使鸡群从第 3 周开始至第 18 周龄一直采用此光照时间，不足部分由人工补充，18 周增加 1 小时光照，18 周以后每周增加 15 分钟，直至达到 16 小时光照。

（2）秋季进雏　自然日照时间逐渐缩短，但为了避免鸡的性成熟延迟，需要在日照时间缩短到 8 小时以后保持恒定的光照时间，不足部分由人工补光，直到 16 周以后按密闭鸡舍光照程序执行。

4. 蛋鸡光照控制要点

（1）光照控制是指对光照时间和强度的同时控制，二者应同步进行。在调整光照时数的同时，光照强度的增加也非常重要。

（2）光照刺激时间应于鸡体重达到性成熟体重时开始。

（3）育成期光照时间要求为 8～9 小时，光照强度为 5 勒克斯，暖色光源。每天光照时间要保持稳定或逐渐减少，切勿增加光照时间。

（4）产蛋期光照时间要求为 14～16 小时，光照强度为 10～12 勒克斯，以冷色光源为主。每天光照时间逐渐增加后，保持稳定，切勿减少光照时间。

（5）每日开、关灯的时间应固定。

（6）一般情况下，育雏期（0～6 周龄）鸡对光照时间要求为 18.5～23 小时，光照强度为 10～30 勒克斯，以暖色光源为主。

（7）为了帮助雏鸡找到饮水器和喂料器，建议在入舍后的 48 小时内采用强光照，35 勒克斯。

（8）通常灯高 1.5～2 米，灯距 3 米。光照强度 1 瓦/米^2≈6.15 勒克斯光照强度。在设计光照时，笼养鸡照度应该提高一些，一般按 3.3～3.5 瓦/米^2 计算。

（9）人工补充光照以每天早晨天亮前效果最好。补充光照时，舍内每平方米地面以 3～5 瓦为宜。灯距地面 2 米左右，最好安装灯罩聚光，灯与灯之间的距离约 3 米，以保证舍内各处得到均匀的光照。

5. 肉鸡光照控制要点　光照时间对肉鸡的生产性能具有非常重要的影响。光照时间对肉鸡生产性能的影响不受鸡群品系及性别的影响。一般来说，在 8 日龄后采用 17～20 小时光照时间的鸡群生产性能可达最佳。

饲养小日龄肉鸡，7 日龄后采用 20 小时光照时间能够达到最佳体重。光照时间太短（低于 20 小时）对增重有负面影响。

饲养大日龄肉鸡，7 日龄以后采用 17 小时光照时间能够获得肉鸡最佳的生长速度和料肉比。光照时间越短，肉鸡的饲料转化率越好。

（李洁　戈成）

模块三　鸡的饲养管理

■ 专题一　　蛋雏鸡的饲养管理 ■

育雏期（0～6周龄）是蛋鸡生产中重要的基础阶段，育雏期的饲养管理不仅直接影响雏鸡的正常生长发育，也影响到产蛋期生产性能的发挥。育雏期的主要技术措施是根据雏鸡的生理特点和生活习性，采用科学的饲养管理措施，提供适宜的生长环境和充足的营养，并做好卫生消毒和防疫工作，以满足雏鸡的生理要求，防止各种疾病发生，使雏鸡达到健康状况良好，生长发育及体重达到正常标准的培育目标：①健康，即雏鸡未感染传染病，食欲正常，精神活泼，反应灵敏，羽毛紧凑而富有光泽；②成活率高，育雏的第一周死亡率不超过0.5%，前三周不超过1%，0～6周死亡率不超过2%；③生长发育良好，即生长速度、体重符合标准，骨骼和肌肉发育良好，羽毛丰满，且全群均匀度高。

一、雏鸡的生理特点和生活习性

1. 生长发育迅速　蛋鸡商品雏的平均出壳重在40克左右，2周龄体重为初生的2倍，6周龄末体重可达到440克左右，增重11倍，可见雏鸡代谢旺盛，生长发育迅速。就单位体重计，雏鸡的耗氧量和排出废气量也大大高于成年鸡。雏鸡对各种营养物质的吸收利用也相应地超过成年鸡。因此，育雏期必须严格按照雏鸡营养标准，配制营养丰富的全价日粮。不仅要保证充足的蛋白质水平、合适的能量水平，还要保证氨基酸平衡、钙磷平衡，同时要求富含多种维生素和微量元素。

2. 体温调节机能弱　初生的幼雏体温调节机能发育不完善，自体产热能力和机体保温能力差。雏鸡体温低于成年鸡 $1\sim3℃$，在 10 日龄后才接近成年鸡，待到 3 周龄左右体温调节中枢机能逐步完善，机体产热能力增强，绒羽脱换、新羽生长之后体温才逐渐处于正常。因此，雏鸡对环境温度的不适很敏感，既怕冷，又怕热，故要为雏鸡创造温暖、干燥、卫生、安全的环境条件。

3. 消化机能尚未健全　雏鸡代谢旺盛、生长发育快，但是消化器官容积小、消化功能差、消化酶不多。因此，在饲喂上要求给予含粗纤维低、易消化、营养全面而平衡的日粮，特别是与生长有关的蛋白质、氨基酸、维生素、微量元素必须满足。要选择容易消化的饲料配制日粮，对棉籽粕、菜籽粕等一些非动物性蛋白饲料，雏鸡难以消化，适口性差，利用率较低，要适当控制添加比例。

4. 抗病能力差　雏鸡体小娇弱，适应能力差，对疾病抵抗力很弱，易感染疾病，如鸡白痢、大肠杆菌病、传染性法氏囊病、球虫病、慢性呼吸道疾病等。育雏阶段要加强环境卫生控制和疫病预防工作，切实做好消毒、隔离和疫苗免疫接种。

5. 胆小怕惊吓　雏鸡对周围环境中的异常响动非常敏感，胆小怕惊吓。因此，雏鸡生活环境一定要保持安静，避免有噪音或突然惊吓。非工作人员应避免进入育雏舍；在雏鸡舍和运动场上应增加防护设备，以防鼠、蛇、猫、犬、老鹰等的袭击和侵害。

6. 群居性强　雏鸡喜欢群居，模仿学习力强，雏鸡之间可相互引导饮水、觅食和熟悉环境，便于大群饲养管理，有利于节省人力、物力。但这种习性在管理措施不当的情况下，也容易造成相互拥挤、踩踏，造成雏鸡外伤甚至死亡。

7. 羽毛生长更新速度快　雏鸡羽毛生长极为迅速，在 $4\sim5$ 周龄进行第一次换羽。羽毛中蛋白质含量为 $80\%\sim82\%$，为肉中蛋白质的 4～5 倍。因此，雏鸡对日粮中蛋白质（尤其是含硫氨基酸）水平要求高。

8. 雏鸡易脱水　刚出壳的雏鸡含水率在 75% 以上，如果在干燥环境中存放时间长易脱水，因此出雏后及育雏前期要特别注意湿度问题。

二、育雏方式分类

1. 地面育雏　是指在水泥地面上培育雏鸡，地面上铺设垫料，垫料厚度为 20～25 厘米。地面育雏成本低，条件要求不高，但易发生疾病。垫料要求干燥、保暖、吸湿性强、柔软、不板结。常用锯末、麦秸、谷草等。

供暖方式包括采用暖风炉、火炕、煤炉、暖气、红外线和保温伞等实施供暖。育雏供暖方式中，自动燃气暖风炉供暖卫生清洁，通风良好，是比较理想的供暖方式；而保温伞育雏（图 3-1）与母鸡抚育雏鸡的保暖方式最接近，育雏效果良好，但需要其他供暖方式辅助（图 3-2），保温伞规格与育雏数量见表 3-1。

表 3-1　保温伞规格与育雏数量

伞罩直径（厘米）	伞高（厘米）	两周以下雏鸡数
100	55	300
130	66	400
150	70	500
180	80	600
240	100	1 000

2. 网上育雏　是指将鸡饲养在距地面 50～60 厘米高的铁丝网（镀锌）或塑料垫网上（图 3-3）。网上育雏可有效控制鸡白痢、球虫病暴发，但投资较大。网眼大小一般为 12.5 厘米×12.5 厘米，粪尿混合物可直接掉于地面。供暖方式与地面育雏相同。

图 3-1 保温伞育雏

图 3-2 育雏用热风炉

3. 立体育雏 指将雏鸡饲养在 3～5 层育雏笼内，具有饲养密度大、热源集中、易于保温、雏鸡成活率高等优点，但投资较大，且上下层温差大。

育雏笼每层分为给温区、保温区和散温区 3 个不同功能区。每个功能区适宜雏鸡不同温度条件下的活动，温度适宜时雏鸡多均匀分布在保温区，温度低时会挤在给温区，温度高时则散在散温区。立体育雏的供暖方式多采用暖气、热风炉或笼内电热板。

图 3-3　网上育雏

三、雏鸡的饲养管理

1. 育雏前的准备工作　包括鸡舍、器具的清理、冲洗、清洗、消毒、设备调试、鸡舍预温以及鸡饲料、兽药、疫苗等物资准备，这些工作最迟应在接雏前 7 天进行。

（1）育雏季节的选择　季节的变化对于封闭式鸡舍影响不大，但开放式鸡舍以春季育雏最好。春季育雏：雏鸡生长发育迅速，体质健壮，成活率高。夏季育雏：雏鸡的食欲不佳，阴雨连绵易患球虫病。秋季育雏：雏鸡生长发育缓慢，成鸡时体重不足。冬季育雏：雏鸡体质不良，育雏费用较高。

（2）雏鸡的订购　设计育雏舍的容量时应根据成鸡舍的容量和饲养水平确定。雏鸡饲养量则应根据成鸡的数量和育雏的设备容量确定。例如，成鸡笼位数为 5 000，育雏成活率 95％，育成率 95％，鉴别率 98％，合格率 98％，保险系数 1.05，那么进雏鸡数为5 000÷0.95÷0.95÷0.98÷0.98×1.05＝6 057只。孵化场一般给予2％的损耗，所以定购5 800只雏鸡可以满足基本数量需要。

（3）育雏舍、育雏器、育雏用具的准备和消毒　育雏前对育雏舍要进行维修和消毒，使育雏舍和育雏室保温良好、干燥、通风、不过于光亮。对育雏器和供暖设备要进行检查修理，使其能正常使用不发生故障，育雏鸡的空间和设备需要量见表3-2。

表3-2　育雏期每只鸡空间和设备需要量

品种	每平方米鸡数	水槽长度（厘米/只）	普拉松自动饮水器	每个乳头鸡数	食槽长度（厘米）	每个料桶鸡数
矮小型	13.8	1.1	160	20	5	30
白壳蛋鸡	12.7	1.2	150	20	5	25
褐壳蛋鸡	10.8	1.5	100	15	8	25

（4）饲料、垫料和药品准备

①饲料：育雏前要按雏鸡日粮配方准备足够的雏鸡饲料。

②垫料：要准备充足的干燥、松软、不霉烂、吸水性强的垫料。

③疫苗：禽流感基因重组活毒疫苗、传染性法氏囊疫苗、鸡新城疫疫苗、传染性支气管炎疫苗等。

④药物：抗球虫药以及青霉素、链霉素、庆大霉素、卡那霉素等。

⑤消毒药：高锰酸钾、福尔马林、火碱、新洁尔灭、百毒杀、抗毒威等。

⑥营养药：包括水溶性多种维生素、电解质、葡萄糖等。

（5）育雏舍的熏蒸消毒

①熏蒸消毒前必须密闭门窗，应在温度10℃以上、相对湿度70％以上的环境条件下进行，而且必须密闭鸡舍24小时。

②熏蒸用的容器必须使用金属或陶瓷器皿，容积为药品体积的3～4倍。

③熏蒸容器在鸡舍内要排放均匀，避免出现熏蒸死角。

④使用甲醛与高锰酸钾熏蒸消毒时，要先在容器内放入高锰酸钾，后放入甲醛溶液，同时搅拌均匀。

⑤熏蒸工作人员要穿好防护服、胶靴，戴好防毒面具和橡胶手套，以防气体和沸腾的药液灼伤眼睛、呼吸道黏膜和身体皮肤。

（6）育雏围栏的搭建　采用地面或网上等平养育雏方式，为防止雏鸡远离热源和便于管理，应在育雏舍中用铁丝网、苇席或其他材料搭建围栏，并能达到如下要求：

①围栏内每平方米放养 30 只 1 日龄雏鸡，每个围栏以饲养雏鸡 300～500 只为宜。

②围栏可随意拆卸、调整：雏鸡 2 日龄后要随着生长不断扩大围栏面积，2 周时可将围栏全部移走。

③围栏设置最好为圆形，以保温伞为中心，周围均匀摆放饮水器和料槽（图 3-4）。

④围栏高度应便于工作人员进出和便于从外部观察鸡群。

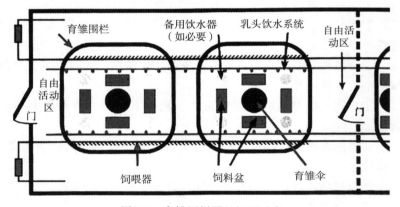

图 3-4　育雏围栏器具摆置示意

（7）预热试温　在进雏前两天，育雏室和育雏器要进行试温，使其达到标准要求，地面铺好垫料，厚 3～5 厘米。

（8）育雏准备工作流程（表 3-3）。

表 3-3 育雏前准备工作

日程安排	主 要 工 作
接雏前 14 天	清理雏鸡舍内的粪便、羽毛等杂物； 将鸡舍屋顶、四周墙壁、地面及地沟等处的灰尘、脏料、粪便等污物全部清扫干净； 清理育雏舍周围的杂物、杂草等。 注意事项：如果上一批雏鸡发生过某种传染病，需间隔 30 天以上方可进雏，且在消毒时需要加大消毒剂浓度和用量
接雏前 13 天	用高压水枪冲洗鸡舍、笼具、储料设备等。冲洗原则为：由上到下，由内到外
接雏前 12 天	初步清洗整理结束后，对鸡舍、笼具、储料设备等消毒一遍； 对进风口、鸡舍周围地面用 2％火碱溶液喷洒消毒； 或用火焰消毒器将鸡舍墙壁、地面及笼具等能够耐火的金属器具进行灼烧
接雏前 11 天	将门窗关闭，用报纸密封进风口、排风口； 将消毒彻底的饮水器、料盘、粪板、灯伞、小喂料车、塑料垫网等放入鸡舍； 熏蒸消毒，每立方米空间用 15～20 毫升甲醛溶液和 7～10 克高锰酸钾混合熏蒸 24 小时。 注意事项：也可用甲醛和漂白粉混合熏蒸消毒，每立方米用甲醛 42 毫升、漂白粉 21 克
接雏前 9～10 天	打开鸡舍，通风，排净鸡舍内的甲醛气体
接雏前 7～8 天	维修鸡舍和育雏设备
接雏前 6～7 天	用高压水枪再次冲洗屋顶、墙壁、窗户、风帽、风机、地面、笼具、料槽、饮水器、围栏等处，必要时对遗留的有机物污渍用洗衣粉等刷洗干净
接雏前 5～6 天	用火焰消毒器将鸡舍墙壁、地面及笼具等能够耐火的金属器具进行灼烧；每平方米用 1 500 毫升 2％的火碱喷洒消毒地面、墙壁、地沟等污染严重的地方
接雏前 4～5 天	将门窗关闭，用报纸密封进风口、排风口等； 每立方米空间用 15～20 毫升甲醛溶液和 7～10 克高锰酸钾混合，再次进行熏蒸消毒，密闭 24 小时以上
接雏前 3～4 天	打开鸡舍，通风 24 小时，排净鸡舍内的甲醛气体； 准备使用的疫苗、兽药及饲料； 禁止闲杂人员及没有消毒过的器具进入鸡舍，等待雏鸡到来

（续）

日程安排	主　要　工　作
接雏前 2 天	移出熏蒸器具，然后用次氯酸钠溶液消毒一遍鸡舍； 鸡舍周围铺撒生石灰或喷洒消毒水； 用 0.1%高锰酸钾溶液或自来水清洗饮水器、料槽等采食饮水设备并晾干； 检查维修光照、通风、饮水、采食设备及温度计、湿度表等，保证能够正常运转或使用； 调试灯光，可采用 60 瓦白炽灯或 13 瓦节能灯，高度距离上层鸡头部 50~60 厘米； 调试供暖设备，进行提前预温，至雏鸡进入鸡舍前温度升到 32~35℃，相对湿度保持在 60%~70%； 地面育雏铺好垫料和搭建围栏、网上育雏铺好垫网和隔离围栏、立体育雏检查育雏笼运转情况
接雏前 1 天	①按每个围栏的鸡雏数量布置好饮水器和料槽； ②再次检查育雏所用物品是否齐全，如消毒器械、消毒药、营养药物及日常预防用药、生产记录本等； ③检查育雏舍温度、湿度能否达到基本要求。温度：春、夏、秋季提前 1 天预温，冬季提前 3 天预温。雏鸡所在的位置能够达到35℃；湿度：鸡舍地面洒适量的水，保持一定的湿度（60%）； ④鸡舍门口设消毒池（盆），进入鸡舍要洗手、脚踏消毒池（盆）

2. 雏鸡的选择、运输与接收

（1）健康雏鸡的标准　健康雏鸡应精神状态灵活，眼睛明亮，喙、腿、翅、趾无残缺，脐部愈合良好无残迹，叫声洪亮清脆。同时握在手中感觉有挣扎力，体态匀称，体重适中，腹部大小适中、柔软，膘肉饱满（图 3-5）。

（2）雏鸡的运输　雏鸡的运输和选择关系到育雏的健康和成活率，应注意以下事项：

①长途运输装雏箱要求既保温又通风良好，箱的规格为 120 厘米×60 厘米×18 厘米，分成四格，每格装 20 只（图 3-6）。

②早春和冬季应在中午运输，夏季应在早晚运输并携带遮阴、遮雨器具，车内温度以 25~28℃ 为宜。

图 3-5　1 日龄雏鸡　　　　　　　图 3-6　运雏箱

③运输途中不得停留，不得剧烈颠簸，每隔 0.5～1 小时要观察一次，防止雏鸡受寒、受热、脱水、闷死、压死。

④雏鸡入舍时要根据身体强弱、体重大小等分栏饲养，对过度病弱雏要尽早淘汰。

（3）雏鸡的接收

①雏鸡运到鸡舍时，要求舍内温度为 32～33℃；装鸡后两小时内缓慢升至 35～37℃，维持 3 天。

②在确保温度的同时，注意鸡舍的湿度，可采用地面洒水或喷雾消毒等方法提高鸡舍湿度，要确保湿度在 60%。

③运雏车到达前半个小时内准备好饮水（提前预温，防止应激）。方法：饮水杯装 1/4 的饮用水或凉开水，使雏鸡到达时饮水温度达到 25℃左右。

④注意观察饮水杯的水位，不可断水；每天换水次数不能少于 3 次。

⑤饮水中可添加电解多维、葡萄糖、抗生素（按照使用说明）；夜间可换成无药清水。

⑥通风：进雏当天以保温为主，通风为辅，可适当采取间断性通风，通风前升舍温 1～2℃。

⑦舍内光照应均匀，若底层笼内光照强度太小（光线太暗），可适当在底层增加一个灯泡补充光照，灯泡距离下层笼高出 50

厘米。

⑧使用煤炉的养殖场户防止煤气中毒。

⑨水中或料中加药时，剂量准确、搅拌均匀，以免药物中毒。

⑩严禁外来人员来舍参观，防止交叉感染。

3. 雏鸡的饲养

（1）雏鸡的饮水　接雏后尽快让其饮水（图3-7）。饮水应早于喂料前1～2小时，水温应以室温水为宜。出完后的幼雏腹部卵黄囊内部还有一部分卵黄尚未吸收完，这部分营养物质要3～5天才能基本上吸收完。雏鸡饮水能加速卵黄囊营养物质的吸收利用，对幼雏生长发育有明显的效果。同时，雏鸡在育雏室的高温条件下，因呼吸蒸发量大，需要饮水来维持体内水代谢的平衡，防止脱水死亡。

图 3-7　雏鸡的饮水

①对于体弱的雏鸡可用滴管将雏鸡逐个滴嘴，或用手抓握雏鸡头部，使喙部插入水盘饮水2～3次进行强迫饮水。

②初饮时可在水中加3%葡萄糖或蔗糖，以后可添加抗生素、多维和电解质营养液饮2～3天。

③长途运输的雏鸡，应以饮用口服补液盐水更好（口服补液盐水含氯化钾、葡萄糖、碳酸氢钠、食盐）。

④要防止断水、缺水。间断饮水使鸡群干渴，造成抢水，容易使一些雏鸡被挤入水中淹死，或身上沾水后冻死。应该做到饮水不断，随时自由饮用。

⑤饮水器要均匀分布，饮水器高度和大小根据雏鸡周龄进行调整和更换，同时育雏开始几天水槽或饮水器应随时加满。

⑥雏鸡的饮水必须符合生活饮用水的卫生标准，饮水器每天清洗1～2次，并进行消毒。

⑦雏鸡需水量受环境温度和其他因素影响很大（表3-4），炎热天气尽可能给雏鸡提供凉水，寒冷的冬季应给予不低于18℃的温水。

表3-4　不同周龄雏鸡在不同气温下的需水量（升/100只）

周龄	≤21.2℃	32.2℃
1	2.27	3.30
2	3.97	6.81
3	5.22	9.01
4	6.13	12.60
5	7.04	12.11
6	7.72	13.22

（2）雏鸡的饲喂

①开食是指雏鸡出壳后第一次吃料。雏鸡孵出后，体内卵黄还没有完全吸收，肠胃发育还不宜于消化饲料，卵黄仍能满足一定时间的营养需要，刚出壳的雏鸡喜欢沉睡，还没有求食表现。但开食过晚会消耗雏鸡体力，影响生长发育。正常情况下，雏鸡在孵出后24～36小时开食为宜，一般做法是雏鸡放入育雏栏后，先休息一会并饮上1～2小时水后再开食。

开食应选择浅平开食盘或塑料布（厚纸）铺在地面或网上，开食面积要足够大，以便所有的雏鸡能同时采食。开食饲料应均匀地散布开，并增加光亮度，以使雏鸡易于见到和接触到饲料，便于诱导采食。初生雏有天生的好奇性和模仿性，只要有少数雏鸡啄食，其他就会跟着啄食。应尽力争取在一天之内使所有的雏鸡都开食，为培育整齐的鸡群打下良好的基础。

对少数不会采食的雏鸡要耐心诱导，方法有两种，一是抓几只已开食过的小鸡当开食引导，引导小鸡一见食物后便低头不停地啄食，其他小鸡也能跟随试探啄食，慢慢走向饲料频频啄食；二是边撒食，边用"吧吧……吧吧"的声音信号呼唤雏鸡前来，雏鸡能跟随人的声音和撒食声音去寻找食物，很快地建立起条件反射。

开食料要少喂勤添，以刺激食欲。最初的几天，每隔 3 小时喂 1 次，每昼夜 8 次；以后随着日龄增长逐步减少到春夏季每天 6～7 次，冬季、早春 5～8 次。3～8 周龄时改夜间不喂，每天 4 小时 1 次，即每昼夜 4～5 次（表 3-5）。

表 3-5　建议的雏鸡喂料方案

周龄	喂料次数	喂料时间
1 周龄	8	5：00、8：00、11：00、14：00、17：00、20：00、23：00、2：00
2 周龄	6	5：00、8：00、11：00、14：00、17：00、20：00
3～6 周龄	4	5：00、8：00、11：00、14：00

鸡对颗粒物质感兴趣，为吸引初级开食，建议育雏第一周选择颗粒破碎料，以后在逐渐过渡到粉料。

育雏的第一天要多次检查雏鸡的嗉囊，以鉴定是否已经开食和开食后是否吃饱，雏鸡采食几小时就能将嗉囊装满，否则就要查清问题的所在，并及时纠正。

②饲喂空间　为保证雏鸡吃饱吃好，必须备足料槽，保证喂食时雏鸡都能站在料槽边。料槽不足时，必然有一些弱雏、胆小的雏鸡站立一边，吃不上料或吃强鸡剩料，导致雏鸡生长发育参差不齐，出现较多的弱雏。

雏鸡生长到 2～3 日龄后逐渐加料槽，待雏鸡习惯料槽时撤去开食盘或塑料布，0～3周使用幼雏料槽，3～6周龄使用中型料槽，6周龄以后逐步改用大型料槽。料槽的高度应根据鸡背高度进行调整，这样既可防止雏鸡食管弯曲，又可减少饲料浪费。

③喂料量　按照正常耗料量饲喂，如果长时间采食不完，应立即查找原因。雏鸡营养要全面，饲喂量要恰当，要求能达到各个品种的生长发育指标（表3-6）。

表3-6　不同品种雏鸡体重和采食量

周龄	白壳蛋鸡		褐壳蛋鸡		矮小型蛋鸡	
	体重（克）	日采食量（克）	体重（克）	日采食量（克）	体重（克）	日采食量（克）
1	60	13	65	16	65	8
2	110	18	130	24	125	12
3	170	24	200	29	170	15
4	240	28	290	36	230	18
5	330	34	390	41	280	21
6	420	38	500	46	340	24

④补饲砂砾　因为鸡没有牙齿，补喂砂砾可以促进肌胃的消化功能，可以将补喂的砂砾投入料中，也可以装在吊桶里供鸡自由采食，通常一周后开始自由采食。

4. 雏鸡的管理

（1）温度调控　育雏期最关键的管理技术是温度的调控管理。雏鸡体温调节机能尚不完善，对外界温度的变化很敏感。温度过高，雏鸡的体热和水分散失受到影响，食欲减退、大量失水、代谢受阻、生长发育缓慢、体质虚弱、抵抗力下降，易感冒或感染呼吸道疾病，死亡率升高；温度过低，雏鸡不能维持体温平衡，相互拥挤扎堆、挤压，导致部分鸡呼吸困难，甚至死亡（表3-7）。

表 3-7 不同育雏方式雏鸡的适宜温度

周龄	日龄	笼养		平养	
		供温区温度 （℃）	舍内温度 （℃）	伞下温度 （℃）	舍内温度 （℃）
1	1~3	32~34	24~22	34	24
1	4~7	21~32	22~20	32	22
2	8~14	30~31	20~18	30	20
3	15~21	27~29	18~16	27	18~16
4	22~28	24~27	18~16	24	18~16
5	29~35	21~24	18~16	21	18~16
6	36~140	16~20	18~16	16~20	18~16

注：夜间气温低，育雏温度比白天应提高 1~2℃。

①平面育雏给温技术　育雏温度包括育雏室的温度和育雏器的温度。室温比气温要低，室温一般在 28℃ 左右，保温伞下的温度为 33~35℃，以后每周下降 2~3℃。也因不同的育雏给温而不同，但一定要掌握平稳、均衡，防止忽高忽低，否则温度的突然变化易引起雏鸡感冒，降低抵抗力，诱发其他疾病。

②笼育给温技术　笼饲育雏中普遍使用的是电热育雏笼或育雏育成兼用笼。具有电热设备的育雏笼，开始时笼内温度可以控制在 30~31℃。因雏鸡密度大，相互之间有体热传导，以后每周可下降 2℃。但也要注意根据季节、天气变化及雏鸡的表现适当升高或降低 1~2℃。使用没有加热设备的育雏笼育雏时，就要提高整个室温，将室温提高至 31~32℃，以后每周降温 2℃，直到脱温。

③高温育雏技术　目前常用给温的方法是高温育雏，即在 1~2 周龄采用比常规育雏温度高 2℃ 左右。高温育雏能有效地控制雏鸡白痢的发生和蔓延，对提高成活率效果明显。实践证明，育雏小环境的温度可以有高、中、低之分，这样一方面可以促进空气对流，保持空气清新；另一方面雏鸡也可以根据自身的生理需要，自由选择合适的温度，扩大了活动范围，可以增加雏鸡的抗病力和对环境的适应能力。

④看鸡施温　雏鸡对温度反应非常敏感，不同温度条件下有不同的表现和反应，育雏温度高低可通过观察温度计数值来适时调整舍温，但是衡量方法除参看舍内温度表外，主要是"看雏给温"。通过雏鸡的行为状态调整育雏舍的温度，就称之为"看鸡施温"（图 3-8）。雏鸡在不同温度条件下的表现见表 3-8。

图 3-8　看鸡施温示意

表 3-8　雏鸡在不同温度条件下的表现

温度情况	雏鸡表现
温度适宜	精神活泼，食欲良好，分布均匀，睡觉全身舒展
温度过高	远离热源，张口呼吸，频频饮水
温度过低	聚集热源周围或扎堆，全身紧缩，发出尖叫

⑤脱温　随着雏鸡的长大，当舍内温度降到与室外温差不大时，可进行脱温，即用 3～5 天的时间，逐渐撤离保温设施，让雏鸡在外界气温条件下生活。

脱温不能太快，防止雏鸡不适应变化而感冒。脱温要避开各种逆境（如免疫、转群、更换饲料等的不良刺激），在鸡群健康无病时进行。最后脱温的日子要选择风和日暖的晴天。脱温后雏鸡的鸡舍内保持干燥，料槽、饮水器等设备尽量维持原来的状态，以减轻雏鸡不适的感觉。

⑥脱温舍控制与通风　进雏 3 天内遵照"保温为主，通风为

辅"的原则。可适当采取间断性通风,但通风前升舍温1～2℃。3天后仍然以保温为主,通风为辅,可采取间歇式通风换气,有风机条件的每天可排风3～5次,每次5～10分钟,以保持空气新鲜。1周后可逐步适当增大通风口面积,加大通风量,保证鸡舍空气清新,无异味。

笼育不同于平面育雏,需要及时通风换气,同时应注意通风后可能会造成各层之间出现温差。如果采用机械通风的方法,尽量采用纵向通风方式。

(2)饲养密度 每平方米面积容纳的鸡数称饲养密度。合理的饲养密度是鸡群发育整齐的先决条件,如果密度过大,鸡群活动困难、采食不均,易感染疾病和发生啄癖,弱雏也易被挤压致死,死亡率增加;如果密度过小,不利于保温,同时鸡舍的利用率不高、不经济。

饲养密度应随品种、日龄、通风、饲养方式等的不同而进行调整。饲养密度与饲养方式的关系比较密切,一般来讲,网上饲养密度比地面散养大些,可以多养20%～30%的鸡;而笼养的饲养密度又可以比网上平养的大。

不同品种体型不同,饲养兼用型比蛋用型鸡密度要小些,褐色比白色蛋鸡要小些,通常减少20%左右。随着日龄增长及时调整饲养密度,要将公母、大小、强弱分群饲养。不同日龄雏鸡饲养密度见表3-9。

表3-9 不同育雏方式雏鸡密度

周龄	密度(只/米²)		
	笼养	网上	地面
1～3	50～60	40～50	20～30
4～6	20～30	15～20	10～15

(3)光照 合理的光照可以加快鸡的新陈代谢,增进食欲,有助于Ca、P的吸收,促进雏鸡骨骼的发育,提高机体免疫力,是保证雏鸡健康生长的重要条件之一。

①育雏期的光照原则　随着雏龄增长，每天光照时间要保持一定或稍减少，不能增加；育雏前3天采用强光，以后采用弱光，2周以后避免强光照，照度以雏鸡能看见采食为宜；补充光照不要时长时短，以免造成光照刺激紊乱失去作用；黑暗时应注意避免漏光。

②育雏期的光照程序　见表3-10。

表 3-10　育雏期密闭鸡舍光照程序

周龄	日龄	光照时间（小时）	光照度（勒克斯）
1	1～3	24	60
1	4～7	22	30
2	8～14	20	20
3	15～21	18	10
4	22～28	16	10
5	29～35	14	10
6	36～42	12	10

（4）通风　通风可调节温度、湿度、空气流速，排出有害气体，保持空气新鲜，减少空气中尘埃密度，降低鸡的体表温度，同时可减少呼吸道疾病的发生。

进雏3天内应遵照"保温为主，通风为辅"的原则，采取间歇式通风换气，保持空气新鲜。从第4天起，应注意舍内的通风换气，适当增大通风口面积，有风机条件的每天可排风3～5次，每次5～10分钟。以后应根据育雏舍内有害气体浓度和温度、湿度情况决定是否加大通风量，注意鸡舍空气清新，无异味。

通风换气的标准是以进入鸡舍后不刺眼、不流泪、不呛鼻，无过分臭味、异味为宜，否则就要开始通风。通风换气除与雏鸡的日龄体重有关外，还随季节、温度变化而调整，密闭式鸡舍雏鸡通风量见表3-11。

表 3-11 密闭式鸡舍雏鸡通风量［米³／（只·分钟）］

周龄	白壳品系	褐壳品系
2	0.012	0.015
4	0.021	0.021
6	0.032	0.044
8	0.045	0.062
10	0.058	0.076

自然通风的密闭鸡舍，要根据舍内温度和外界气温逐步进行开窗通风，顺序是：南上窗→北上窗→南下窗→北下窗→南北上下窗，在保证舍内温度前提下，尽量保持舍内空气新鲜。

机械通风的密闭鸡舍，5 日龄后可以逐步启动风机进行通风，每次启动时间不能太长，次数可随育雏日龄增大而增加。

（5）湿度 湿度过高，影响水分代谢，不利羽毛生长，易繁殖病菌和原虫等，尤其是球虫病。湿度过低，易使雏鸡感冒，影响卵黄吸收，造成灰尘飞扬，诱发呼吸道疾病，严重时导致雏鸡脱水死亡。相对湿度的控制原则是前期不能过低，后期不能过高；前期注意加湿防止干燥，后期注意防潮（表 3-12）。

表 3-12 育雏的适宜湿度范围及高、低湿度极限值（%）

日龄	适宜湿度	最高湿度	最低湿度
0～10 日龄	70	75	50
11～30 日龄	65	75	40
31～45 日龄	60	75	40
46～60 日龄	50～55	75	40

常用补湿办法有放置湿草捆、水盆、水蒸气等，也可向空中喷雾（可喷消毒剂）。湿度适宜时，人进入育雏室有湿热感，不会鼻干口燥，雏鸡脚爪润泽、细嫩，精神状态良好，鸡群振翅时基本无尘土飞扬。如果人进入育雏室感觉鼻干口燥，鸡群大量饮水，鸡群骚动时尘土四起，说明育雏舍内湿度偏低。

　　随着雏鸡日龄的增加，排粪量增加，水分蒸发多，环境湿度也大，要注意防潮。尤其要注意经常更换饮水器周围的垫料，以免腐烂、发霉。

　　(6) 断喙　就是用断喙器或剪刀、烙铁等器具将鸡喙的一部分断去（图 3-9）。实行断喙是为了防止啄癖和减少饲料损失。

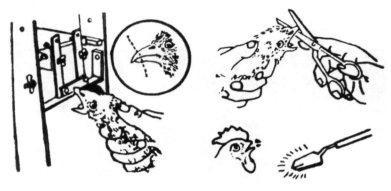

机械断喙　　　　　　　　　　剪刀断喙

图 3-9　断喙示意

　　①断喙时间　一般在 6～10 日龄进行第一次断喙。多数鸡可以一直保持较理想的喙型。如果断喙效果不理想，要在育成阶段进行一次修喙。

　　6～10 日龄期间要进行新城疫和法氏囊等病的免疫，应与断喙时间错开 2 天以上。如果雏鸡有啄斗并有出血现象，要立即进行断喙。

　　②断喙方法　使用断喙器断喙，一手握鸡，拇指置于鸡头部后端，轻压头部和咽部，使鸡舌头缩回，以免灼伤舌头，如果鸡龄较大，另一只手可以握住鸡的翅膀或双腿。精密动力断喙器有直径 4.0 毫米、4.3 毫米和 4.75 毫米孔眼。将喙插入 4.37 毫米的孔眼或其他孔眼断喙，所用孔眼大小应使烧灼圈与鼻孔之间相距 2 毫米。上喙断去 1/2，下喙断去 1/3。然后在灼热的刀片上烧灼 2～3 秒钟，以止血和破坏生长点，防止以后喙尖长出（图 3-10、图 3-11）。

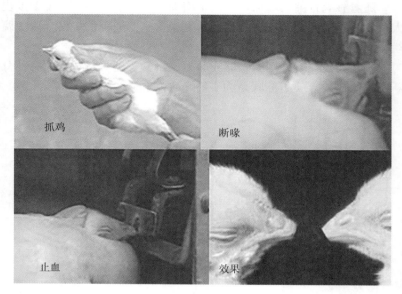

图 3-10　断喙流程

蛋鸡雏鸡断喙位置　　　　理想断喙效果图

图 3-11　断喙效果

③断喙要点

A. 断喙前鸡群健康无病，尽量避开免疫时间。

B. 在断喙前后 3 天，每千克饲料加 2～3 毫克维生素 K；或在饮水中添加 1 克维生素 K$_3$。

C. 断喙前半小时应切断保温伞电源或将舍温降低 2～3℃。

D. 断喙的同时避免其他应激。

E. 注意调节好刀片的温度，熟练掌握烧灼的时间，防止烧灼不到位引起流血；发现止血效果不理想，喙部仍在流血的雏鸡，应及时抓出来重新灼烧止血。

F. 及时更换新刀片，通过刀片颜色（避光情况下）判断刀片温度，一般刀片颜色应达到樱桃红色（约 600℃）。

G. 断喙后要降低光照强度和室温，防止互相啄喙，影响伤口愈合。

H. 断喙后食槽内多加一些料，饲料厚度不要少于 3～4 厘米，以免鸡吃食时碰到硬的槽底有痛感而影响吃料。

（7）其他管理措施

①称重　每周末随机抽测 5％～10％雏鸡进行逐只称重，并与标准体重进行比较，以了解鸡群生长发育情况，制定科学合理的饲养管理措施，保证雏鸡正常生长发育。

②分群管理　随着雏鸡生长，需及时调整密度，根据体重情况分群。发育良好的雏鸡体格结实，活泼有神，体重合适，绒毛整洁。随时挑出弱鸡，单独喂养，给予高水平营养。啄羽啄肛鸡及时处理，杜绝啄死鸡现象。夜间设值班人员，防止野兽、老鼠等侵害，注意防火。

③清粪　鸡舍的地面垫料要勤换，第 10 天左右开始第一次清粪，一般每隔 5 天清一次。清粪次数可视季节、鸡数、温度、粪便气味随时而定，以保持舍内清洁、无氨味、臭味为目的，创造良好的环境以适合雏鸡的生长发育。清粪后先用清水冲洗地面，再用火碱水拖地，用消毒药喷雾。

④记录　每天都应认真记录采食量，雏鸡病、残、死亡变动情况，免疫接种情况，用药和称重等情况。育雏结束后，计算雏鸡成活率和育雏成本。

四、育雏失败的原因及解决措施

育雏失败的可能原因及解决措施见表 3-13。

表 3-13　育雏失败的可能原因及解决措施

表现	可能的原因	解决措施
一周龄死亡率高	①细菌感染：大多是由种鸡垂直传播疾病或种蛋贮存、孵化过程中卫生管理上的失误引起的；②环境因素：一周龄雏鸡对环境的适应能力较低，温度过低鸡群扎堆，部分雏鸡被挤压窒息死亡；某段时间在温度控制上的失误，雏鸡也会腹泻、感染疾病或死亡	①要从卫生工作管理较好的种鸡场进雏；②要控制好育雏环境；③育雏期使用一些药物预防常发的细菌病
体重落后于标准	①饲料营养水平太低；②育雏温度过高或过低；③鸡群密度过大；④照明时间不足；⑤感染球虫病或大肠杆菌病等	①要供给优质的饲料；②要有科学有效的管理；③合理的饲养密度和光照制度；④提前用药预防雏鸡各阶段的常发病
雏鸡发育不整齐	①饲养密度过大，鸡群采食、饮水空间不足；②饲养环境控制失误，温度忽高忽低，鸡群发生严重的应激；③疾病的影响；④断喙失误，部分雏鸡喙留得过短；⑤饲料营养不良，饲料中某种营养素缺乏或某种成分过多造成营养不均衡	①要提供适宜的饲养环境；②饲养密度要合适；③要保证鸡群采食均匀；④要适时断喙，且断喙要准确；⑤定期进行随机抽样称重；⑥及时合理地调群，及时挑出体质较弱、个体较小的鸡集中饲养，推迟换料时间，使尽快达标，提高整体均匀度

（杨爱华　李颖）

■ 专题二 蛋鸡育成鸡的饲养管理 ■

育成期是蛋鸡为产蛋期高产奠定基础并达到体成熟和性成熟的关键生长阶段，合格的育成鸡群是高产、稳产的基础。如果新育成的母鸡质量好，体质健壮，进入产蛋期后，就能获得较好的产蛋成绩。

一、育成鸡的生理特点和生活习性

育成鸡仍处于生长迅速、发育旺盛的时期，机体各系统的机能基本发育健全，其生理特点主要有：

1. 具备调节体温的能力 雏鸡 4～5 周龄经换羽后已长出成羽，全身羽毛丰满，具备了调节自身体温和适应环境的能力，以及较强的生活力。

2. 代谢旺盛 消化能力日趋健全，采食量与日俱增，营养代谢旺盛，钙、磷吸收、沉积能力不断提高，骨骼、肌肉发育处于旺盛时期，脂肪沉积能力随日龄增长而增大，易出现鸡体过肥。

3. 体重增长速度快 体重增长速度随日龄增加而逐渐下降，但绝对增重幅度最大。12 周龄以前是鸡体重增长相对最快的时期，内脏器官和消化道长度随体重同步变化。骨骼在最初 10 周内发育最快，8 周龄时骨骼发育到成年骨骼的 75％，12 周龄时达到 90％。12 周龄后，各种器官发育已近健全，增重速度减缓，胸肌明显增厚，腹脂随日龄增加而逐渐沉积。

4. 对光照异常敏感 12 周龄以后对光照时间的反应非常敏感，不限制光照，将会出现过早产蛋等情况。

5. 母鸡逐渐性成熟

小母鸡从第 11 周龄起，卵巢滤泡渐渐增大，16 周龄后，小母鸡逐渐性成熟，肝脏、卵巢、输卵管快速增长，钙质储备增加。18 周龄（图 3-12）以后性器官发育更为迅速，卵巢重量可达 1.8～2.3 克，即将开产的母鸡卵巢内出现成熟滤泡，使卵巢重量达到

44～57 克。

图 3-12　18 周龄育成鸡

二、育成鸡的培育目标

育成鸡的培育目标就是培育适时开产日龄、标准开产体重和健康体质的育成鸡。具体为：①发育良好，体型体重达标。育成鸡达到 18 周龄时，应体质健壮，体型紧凑似 V 形，精神活泼，食欲正常，体重、体型和骨骼发育符合品种要求且均匀一致，胸骨平直而坚实，脂肪沉积少而肌肉发达，骨骼坚实发育良好，无多余脂肪。②健康无病，即育成鸡应体质体况良好，健康无病，育成期死淘率应不超过 5％。③鸡群体型体重的整齐度良好，即至少 80％以上的鸡符合体重、胫长在标准上下 10％范围以内；体重、胫长一致的育成鸡群，成熟期比较一致，达 50％产蛋率后迅速进入产蛋高峰，且持续时间长；20 周龄时，高产鸡群的育成率应能达到 96％。④只有体成熟和性成熟同步，才能充分发挥本品种的遗传潜力，要求产蛋率达 50％的日龄符合标准（150 日龄左右），过早过晚都会影响产蛋期的生产性能，应通过饲料营养及光照时间进行控制。

三、育成鸡的转群管理

1. 转群前的管理

（1）转群前，应将育成舍进行全面彻底的熏蒸消毒，所用各种饲养器具也要进行全面的就地消毒。

（2）转群前 6～12 小时停止喂料，但不停止供水。

（3）转群前将舍内温度降低到待转入舍内温度，防止转群前后舍内温差过大导致的转群环境应激。

（4）转群前将体重较小的鸡挑选出来，单独饲养。

2. 转群时的管理

（1）转群时做好防疫工作，防止人员、车辆、物品等传播疾病。

（2）对转群使用的车辆、物品、道路等彻底消毒一遍。

（3）合理选择转群时间。夏季宜在天气凉爽的早晨进行，冬季在天气暖和时进行，避免在刮风、雨雪天气转群。

（4）转群前后在饲料中添加抗应激药物。

（5）规范抓鸡、拎鸡和捉鸡动作，做到轻抓轻放，避免对鸡造成伤害。

3. 转群后的管理

（1）转群后 1 周内，密切观察鸡群饮水和采食是否正常，以便及时采取措施。

（2）及时调整鸡群，将体重偏小和体况不好的鸡挑选出来，单独饲养。

四、育成鸡的饲养

1. 日粮过渡 雏鸡料和育成鸡料在营养成分上有较大的区别，从育雏期到育成期，饲料的更换是一个很大的转折，一般从 7 周龄开始逐渐更换。

换料种类及时间一般是在 7～8 周龄将雏鸡料换成育成鸡料，16～17 周龄将育成鸡料换成产蛋前期饲料。换料至少应有一周的过渡时间。

育成期饲料的更换应主要以体重和胫长指标为准。在 6 周龄和 16 周龄末，分别检查鸡的体重是否达到标准，达标后更换饲料，如果体重不达标，可推迟换料时间，但不应晚于 9 周龄末和 17 周龄末。

2. 分群管理 6周龄末根据体重大小将鸡群分为三组：超重组（超过标准体重10%）、标准组（鸡只体重在标准体重±10%之内）、低标组（低于标准体重10%）。对低标组的鸡群在饲料中可增加多维或添加0.5%的植物油脂，对超标组的鸡群限制饲喂。

3. 采食与饮水 蛋鸡在育成期体况变化最大，这就要求在饲养过程中不断进行调整，才能满足其生长发育的需要。随着鸡日龄的不断增加，应逐步分散鸡群，随时调整料槽，饮水器的数量及高度（图3-13），以保证足够的采食、饮水空间及适宜高度（表3-14）。环境温度高时，可饮给凉水并且经常更换，最好在每次喂料前换凉水。不同气温时的需水量见表3-15。

表3-14 育成鸡所需饲养面积、采食和饮水空间

各项空间		笼养	平养
饲养面积	开放式	385厘米²/只	7只/米²
	密闭式	385厘米²/只	8.5只/米²
采食空间	料槽（厘米/只）	8	8
	料桶（只/个）	8	25
饮水空间	只/水杯	8	10
	只/乳头式	8	10
	水槽（厘米/只）	4	4

表3-15 每百只鸡在不同气温下的需水量（升）

周龄	≤21.2℃	32.2℃	周龄	≤21.2℃	32.2℃
7	8.52	14.69	15	13.63	23.47
8	9.20	15.90	16	14.19	24.49
9	10.22	17.60	17	54.65	25.28
10	10.67	18.62	18	15.22	20.23
11	11.36	19.61	19	15.67	27.02
12	11.12	20.55	20	10.12	27.81
13	12.49	21.84	21	16.67	28.80
14	13.06	22.53	22	17.03	29.73

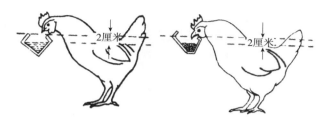

图 3-13　料槽和饮水器安置高度示意

五、育成鸡的管理

1. 注意控制合理饲养密度　育成鸡无论是平面饲养（图 3-14）还是笼养，都要保持适宜的密度，才能使个体发育均匀（表3-16）。适当的密度不仅增加了鸡的运动空间，还可以促进育成鸡骨骼、肌肉和内部器官的发育，从而增强体质。

图 3-14　育成鸡地面平养

雏鸡从脱温开始就需逐渐降低舍内饲养密度，使整个育成期一直保持在适当密度。

表 3-16　蛋鸡育成期饲养密度（只/米²）

周龄	地面平养	网上平养	立体笼养
6～8	15	20	26
9～15	10	14	18
16～20	7	12	14

2. 加强通风　密闭式鸡舍必须安装排风机，特别不能忽视夜间熄灯后开机通风。通风要适当，既要维持适宜的舍内温度，又要保证鸡舍内有较新鲜的空气。夏季舍内温度升至 30℃时，鸡表现不安，采食量下降，饮水减少。温度越高，应激越大，越要加大通风量（表 3-17）。通风换气的合格标准是人进入鸡舍后感觉不闷气、不刺眼和不刺鼻。

表 3-17　蛋鸡育成期通风量［米³/（只·分钟）］

周龄	白壳品系	褐壳品系
8	0.045	0.062
10	0.058	0.076
12	0.069	0.088
14	0.080	0.100
16	0.088	0.116
18	0.092	0.122
20	0.100	0.131

3. 控制性成熟　不同品种与品系母鸡各有一定的性成熟期，产蛋率达 50% 的日龄，早的 150 天左右，晚的 165 天左右。控制性成熟的主要方法是控制光照和限制饲养。

（1）光照控制　鸡的生殖系统包括输卵管、卵巢等，在育成期就进入快速发育期，光照是控制蛋鸡性成熟的主要方式，前 8 周龄光照时间和强度对鸡的性成熟影响较小，8 周龄以后影响较大，10 周龄以后，光照对育成鸡性成熟的影响越来越明显，尤其是 13～18 周龄的育成后期。

具体光照计划应根据季节、育成舍类型和鸡的品种制定（表 3-18），但无论是密闭鸡舍还是开放鸡舍，只有每日光照总时数足够，而且光照时间保持稳定不变，或者处于由短逐渐延长的变化趋势，才会对育成鸡的性成熟和以后的产蛋有促进作用。

对于密闭式饲养模式，为了保持密闭式鸡舍光照的一致，最好在鸡舍的进风口和排风口位置安装遮光罩，减少自然光照对舍内光照时间的影响。最好通过安装微电脑时控开关保证光照时间的准确性。

在 17 周龄增加光照前，应称重，体重达标后方可增加光照，否则应推后 1～2 周（最晚不晚于 19 周龄），待体重达标后即可增加光照。

表 3-18　伊莎褐蛋鸡密闭式育成舍光照计划

日龄	每日光照时间（小时）	光照强度（瓦/米²）	光照强度（勒克斯）
43～49	9	1	5～10
50～56	8	1	5～10
57～98	8	1	5～10
99～105	9	3	10～30
106～112	10	3	10～30
113～119	11	3	10～30
120～126	12	3	10～30
127～133	12.5	3	10～30
131～168	每周增加 0.5 小时	3	10～30

（2）限制饲养　用每天减少饲喂量、隔日饲喂或限制每天喂料时间等方法，使育成鸡在 8～20 周龄的采食量，轻型蛋鸡减少 7%～8%，中型蛋鸡减少 10% 左右，这样在节省饲养费用的同时，可防止体重增长过快，发育过速，提前开产。

采用停止喂料方式时，一般在 120～140 日龄期间停止喂料一次或两次，每次连续 3 天左右。开产日龄在 150 天的以一次为好；开产日龄在 155～165 天的以两次为好。两次停料不宜连续进行，在停料 3 天后喂 1 天料，再停料 3 天。此项措施对减轻体重效果大，不影响以后的生产性能，控制早熟，且能减少体脂，降低开产后输卵管外脱的发生率。应用此方法时，鸡群健康状况要好，管理要加强，饮水不能断。

4. 控制群体均匀度 评价育成群体优劣，重要的是全群鸡必须均匀一致（图 3-15）。一个良好的育成鸡群不仅体重符合标准，且均匀度高。

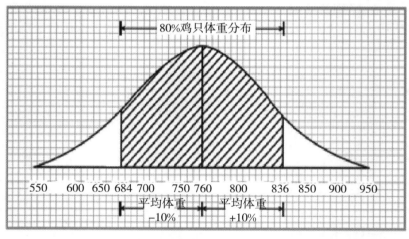

图 3-15 育成鸡体重正态分布

均匀度计算示例：某鸡群 10 周龄的标准平均体重为 760 克，超过或低于标准平均体重±10%范围的体重分别是：760＋（760×10%）＝836（克）和 760－（760×10%）＝684（克）。在一个 5 000 只的鸡群中，随机抽取 5%的鸡，即 250 只，其中体重在标准体重±10%（836～684 克）范围内的有 198 只，占称重总鸡数的百分比是 198/250×100%＝79.2%，即该群鸡的均匀度为 79.2%。

鸡群均匀度标准：均匀度 84%～90%为优秀；均匀度 77%～

83%为良好；均匀度 70%～76%为合格。

5. 预防啄癖　防止育成鸡发生啄癖，不仅要断喙，还要配合改善舍内环境、降低饲养密度、改进日粮水平、采用适度光照等方法。在体重、采食量正常的情况下如槽中无料，也可考虑适当缩短光照时间以防止啄癖。

对于已经断喙的鸡群，在 14～16 周龄转群前，应挑选出早期断喙不当或断喙遗漏的鸡，并对其进行补切。

（张双喜　朱美红）

■ 专题三　　产蛋鸡的饲养管理 ■

蛋鸡产蛋期管理的中心任务是为鸡群创造适宜卫生的环境条件，充分发挥其遗传潜力，达到高产稳产的目的，同时降低鸡群的死淘率与蛋的破损率，尽可能地节约饲料，最大限度地获得产品，提高蛋鸡养殖经济效益。

为了科学管理产蛋鸡，通常将产蛋期划分为四个阶段：产蛋前期（18～22 周龄）、产蛋高峰期（23～40 周龄）、产蛋中期（41～53 周龄）和产蛋后期（54 周龄～淘汰）。

一、产蛋鸡的生理特点

1. 生殖器官成熟

（1）卵巢、输卵管发育在性成熟时急剧增长。卵巢在性成熟前，重量只有 7 克左右，到性成熟时迅速增长到 40 克左右。性成熟以前输卵管长仅 8～10 厘米，性成熟后输卵管发育迅速，在短时期变得又粗又长，长 50～60 厘米。

（2）鸡的第二性征逐步出现，鸡冠和肉髯（俗称肉垂）的形态、颜色开始变化，体积由小变大；组织变得更有弹性，手感触之有温暖感；颜色由黄变粉红，再由粉红变鲜红。

（3）临近开产的小母鸡，经常发出"咯——咯——"鸣叫，鸡舍中此起彼伏，叫声不绝，俗称"咯咯蛋"。

2. 生殖机能完善

（1）育成鸡和产蛋鸡在生理机能上最显著的差异，就是产蛋鸡生殖机能的成熟与完善。

（2）16周龄左右小母鸡逐渐开始性成熟指青年鸡的生长发育达到能够繁殖后代的状态，此时，母鸡能排出成熟的卵泡（配种后的鸡蛋可用于孵化），并表现有性行为。通常小母鸡从16周龄开始性成熟过程，到24周龄完成性成熟过程。18周龄时鸡卵巢中的初级卵泡开始发育，形成重量大小不等的生长卵泡，其中有4～6个卵泡发育特别快，经过9～14天便可发育为成熟卵泡。

二、产蛋鸡的饲养管理

1. 产蛋鸡的转群　转群前要进行多项准备工作，详见表3-19。

表3-19　转群前的准备工作

项目	主要步骤和内容
清理鸡舍	清理鸡舍内的一切杂物、羽毛等，消除舍内粪便；彻底打扫干净
冲洗鸡舍	用高压水枪冲洗鸡舍地面、墙壁、天花板和鸡笼等； 特别注意：墙角缝隙、笼子上面黏附的粪便以及其他设施的隐蔽之处，要注意冲洗干净；冲刷时需用清洁、无污染的水源
修缮鸡舍	修缮蛋鸡舍屋顶、门窗等；保证水电供应正常
检修设备	①对舍内灯泡、门窗、鸡笼、鸡笼门、自动喂料机及链条、水槽、食槽、风机、水管线、水闸门、暖气片、暖气阀门等进行认真检查和维修； ②对各系统进行重新调试； ③对蛋鸡舍及其各种设施设备再进行一次卫生清扫
蛋鸡舍的消毒	①再次冲洗鸡舍； ②用消毒药对鸡笼、料机、料槽等金属设备进行喷雾消毒； ③用1%～2%的火碱水对地面、墙壁、门窗等进行喷雾消毒； ④密封鸡舍所有门、窗及风机口等； ⑤用甲醛溶液对整个鸡舍密封熏蒸消毒；温度应在24℃以上，相对湿度大于75%；封闭鸡舍24小时以上，再进行舍内通风换气； ⑥待除去甲醛气味后，方可转入产蛋鸡

（续）

项目	主要步骤和内容
待转群育成鸡	①做好免疫接种。在转群前尽量安排完鸡新城疫、减蛋综合征、禽流感疫苗的接种工作； ②进行驱虫，地面平养的育成鸡，转群前要安排一次驱虫工作； ③预防应激，在转群前3天，应在饮水中添加电解质和多维，或在饲料中添加抗应激药或多维
人员	做好转群组织，明确人员分工，培训员工
饲料及兽药	准备好蛋鸡料，以及可能用的消毒药品、治疗药物等

（1）转群时间 转群的日期根据生产流程而定，一般多在18周龄前后，过早转群的鸡会因体小从笼前网和底网的滚蛋间隙中钻出，四处跑鸡，管理极为不便；过晚转群，鸡群已临近开产，捉鸡时的应激极可能造成坠卵性腹膜炎，使整个鸡群达不到应有的产蛋高峰。

转群宜在傍晚或早晨，天气较温暖和晴朗时进行。夏天转群时要避开雨天和午间气温最炎热的时刻，安排在有云日或阴天进行，最好在早晚天气凉爽时进行；冬天转群时则要避开风雪天，选择在晴朗天进行。

（2）抓鸡方法 正确抓鸡方法：抓握鸡的双胫，使鸡的尾部对着抓鸡人，适当用力将鸡拉出，见图3-16；装笼时，使鸡头对着笼门，将鸡放入笼中；抓鸡时要轻拿轻放，防止扭伤，应抓鸡腿的下部，并注意少抓，2~3只/（人·次）；尽量减少应激，绝不可拽鸡脖、拉鸡膀、扯鸡尾等生拉硬拽。

转群当日的管理流程见图3-17。

图3-16 手抓鸡双胫示意

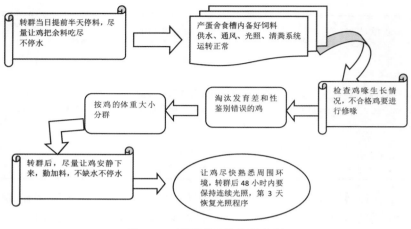

图 3-17　转群当日的管理流程

（3）蛋鸡的个体挑选　为提高整个产蛋期的生产水平，降低死淘率，提高饲料报酬，在转群上笼时，应对个体进行严格挑选，称量体重，选择固定笼位称量体重，计算平均体重和均匀度，并与标准体重和均匀度对照。群体均匀度应在85％以上，测量胫长，检查体况，分群管理，适时调群，将体重不达标的鸡挑出后单笼饲养，单独补加营养，淘汰残鸡。挑选的标准应满足如下条件：

①符合本品种（系）的育成体重与体尺指标，上下不超过10％。

②体型外貌、冠、肉髯发育正常，基本符合品种（系）的标准。对看似公鸡，实则母鸡的个别鸡或异性个体，要予以淘汰。

③选择精力旺盛、活泼好动、采食力强的健康个体上笼。

④上笼3～5天后，由技术人员对鸡群重新进行一次调整。

（4）转群的注意事项　在鸡开产前上笼，使之在产蛋笼内有一个适应过程；为避免过大的应激，在转群前后3天和转群日（共7天），应在饮水中添加电解质和多维，或在饲料中添加抗应激药或多维，上笼后立即让鸡喝上水，吃上料。

2. 产蛋鸡的饲养

（1）产蛋鸡的饲养密度 产蛋鸡饲养密度直接影响着采食、饮水、活动、休息以及产蛋，必须保证合适的密度。根据饲养方式和饲养鸡的品种决定饲养密度，具体要求见表 3-20。

表 3-20 产蛋鸡的饲养密度

饲养方式	轻型蛋鸡		中型蛋鸡	
	只/米²	米²/只	只/米²	米²/只
垫料地面	6.2	0.16	5.3	0.19
网状地面	11.0	0.09	8.3	0.12
地网混合	7.2	0.14	6.2	0.16
笼养[a]	26.3	0.038	20.8	0.048

注：a 笼养所指面积为笼底面积。

（2）产蛋鸡的饲养设备和饲喂空间 产蛋鸡舍应设置足够的料槽、水槽，并要经常刷洗料槽、水槽，定期消毒（表 3-21）。舍内勤清粪，保持清洁卫生，有条件时最好每周 2 次带鸡消毒。

表 3-21 产蛋期间饲养空间需求

饲养方式	采食空间		饮水空间		
	料槽（厘米/只）	料桶（只/个）	水杯（只/个）	乳头式（只/个）	水槽（厘米/只）
笼养	10	—	6	3～4	4
平养	10	20	8	8	4

（3）产蛋鸡的营养需要 蛋鸡的能量需要因温度、体重、生长羽毛层和产蛋量不同而不同。蛋白质（氨基酸）与其基本的营养需要，不会因温度不同而变化，仅由于周龄及产蛋率不同而异。产蛋率是指统计期内产蛋总枚数与存栏母鸡数的比率，在日常生产中常用的是日产蛋率和平均产蛋率。

蛋鸡对钙质的需要随产蛋量的增加及年龄的增加而增长。一般而言，整个产蛋期的日粮配方分为若干阶段。产蛋前期的日粮蛋白质水平高于育成期。此后蛋鸡产蛋率增加，采食量发生变化，为保证蛋鸡高产所需要的营养素，在产蛋率达 5% 以上直至 42 周龄，甚至更大周龄（产蛋率为 80% 以上）时，每只母鸡每天的粗蛋白质采入量应为 18～20 克，这是蛋鸡发挥其良好生产性能的基础。

（4）产蛋鸡的饲喂

①产蛋鸡一般应日喂 3 次，匀料 3 次，保证鸡群充分采食。产蛋高峰期可喂 4 次。

②要喂干料，定时定量，做到既够吃，料槽中又不存料。

③保持鸡舍卫生，注意通风换气，及时定期清除粪便，勤洗水槽，保持饲料饮水清洁。

④按照产蛋率和营养需求，及时更换料种，调整饲料成分。

⑤在注重满足产蛋期日粮代谢能和蛋白质需要的同时，应保证适量的钙、磷供给，保持钙、磷比例平衡，补充适量限制性氨基酸（如赖氨酸、蛋氨酸、色氨酸和精氨酸）、微量元素和多种维生素。在所需蛋白质的日给量中，任何一种氨基酸的缺乏，均将限制其他氨基酸的利用。

（5）产蛋鸡饮水　蛋鸡饮水量与气温、产蛋量、采食量和品种等因素有关。要保证饮水空间的充足和饮水的清洁，保持饮水的充足、卫生，杜绝断水。每 1～2 周用过氧乙酸溶液或高锰酸钾溶液对饮水管或饮水槽消毒一次。每 100 羽蛋鸡不同产蛋水平的日平均饮水量见表 3-22。

表 3-22　每 100 羽蛋鸡不同产蛋水平的日平均饮水量

蛋鸡类型	不同产蛋率（%）时的饮水量（升）								
	10	20	30	40	50	60	70	80	90
轻型鸡	15	16.5	18	19	20	22	23	24.5	25.5
中型鸡	20.5	21.5	23.0	24	25	26.5	28	29.5	31

（6）环境控制　产蛋鸡饲养管理要尽可能维持环境条件的相对稳定。合格的后备母鸡转入蛋鸡舍后，能否充分发挥其优良的生产性能，关键在于鸡舍的环境条件（光照、相对湿度、温度和空气成

分等）是否控制合理。

成年鸡的适温范围为 5～28℃，产蛋适温为 13～25℃，其中 13～16℃时产蛋率较高，17～25℃时产蛋的饲料效率较高。气温过高、过低对产蛋性能都有不良影响。产蛋鸡舍的舍内温度要稳定在 18～24℃，冬天注意鸡舍的保暖，夏天注意防暑降温。

对蛋鸡而言，湿度对其的影响不像温度那样明显。但在生产过程中，也必须注意调节鸡舍内的相对湿度。开放式鸡舍如位置向阳、地势较高，采用排水良好的水泥地面，在通风良好情况下都不致过湿。密闭式鸡舍如湿度偏高，可以在保持较为合适的温度下加大通风来排湿，严防供水系统漏水，或改长流水或水槽为乳头式饮水器等。垫料平养的蛋鸡舍应加强垫料的管理，采取添加或更换垫料等办法。

3. 产蛋鸡的管理

（1）通风管理　产蛋鸡舍必须加强通风，确保通风畅通，保证舍内空气新鲜，无异味同时也能够调节鸡舍内的温度，降低湿度。在保证温度适宜条件下，通风越畅通越好。蛋鸡舍通风量见表 3-23。开放式鸡舍通过开关门窗控制舍内外的空气自然流通，也可设通风孔或窗，或安换气扇。密闭式鸡舍通过控制通风量和气流速度来调节鸡舍的温度、相对湿度等。

表 3-23　蛋鸡的通风量

气温 （℃）	不同体重（千克）的通风量 [米³/（只·时）]					
	1.6	1.8	2.0	2.2	2.4	2.6
0	2.28	2.64	2.88	3.12	3.42	3.72
5	2.94	3.36	3.72	4.02	4.38	4.80
10	3.60	4.08	4.50	4.92	5.34	5.88
15	4.26	4.80	5.34	5.82	6.30	6.90
20	4.92	5.52	6.12	6.72	7.26	7.98
25	5.52	6.30	6.72	7.56	8.22	9.00
30	6.18	7.02	7.74	8.46	9.18	10.08

（续）

气温（℃）	不同体重（千克）的通风量［米³／（只·时）］					
	1.6	1.8	2.0	2.2	2.4	2.6
35	6.84	7.74	8.58	9.36	10.14	11.10
40	7.50	8.46	9.36	10.26	11.10	12.18

（2）光照管理　产蛋鸡光照管理的基本原则是光照时间只能增加，不能减少，最长光照时间不能超过 17 个小时，光照强度不能降低。

①开始光照刺激的时间　应根据蛋鸡的体重及发育情况，如果 18 周龄抽测的体重达到标准体重，便可开始光照刺激；若达不到标准体重，可适当向后推迟 1～2 周，若鸡群没有达到标准体重，光照时间可延缓到下一周再加，但注意最多不晚于 19 周龄末；同时在饲料中添加 1％～2％的植物油，采用少量多次饲喂，促进采食。

②光照强度

A. 产蛋鸡应采用 6～10 勒克斯的光照强度。

B. 在晴朗的夏天，开放式鸡舍内的照度可达 100～550 勒克斯，大大超过标准。因此，应在保证通风换气条件下采取遮黑措施，使光照强度不超过 40 勒克斯。人工补光时，一般多采用 20～40 勒克斯的光照强度。

C. 密闭式鸡舍光照强度一般为 10 勒克斯。

③光照时间

A. 开放式鸡舍，若 20 周龄时光照时数为 12 小时，则每周增加 20 分钟，到产蛋高峰时（约 32 周龄）达到 16 小时，以后维持不变。若 20 周龄时光照时数在 14 小时，则以后每周增加光照时间约 15 分钟，至 28 周龄时达 16 小时，以后保持不变。总之，要逐渐增加光照时间，使产蛋鸡从产蛋高峰期开始得到 16 小时光照。

B. 密闭式鸡舍，20 周龄时光照为 8 小时，转入蛋鸡舍后 21～

26 周龄每周增加 1 小时光照，27～32 周龄每周增加 20 分钟光照，到 32 周龄时达到 16 小时，以后一直保持不变；或者 21～24 周龄每周增加 1 小时光照，25 周龄起每周增加半小时，至 32 周龄时达16 小时。

C. 若鸡群从密闭式育成舍转入开放式蛋鸡舍，当自然光照时间不足 12 小时，应立即给予 12 小时光照；如自然光照长于 12 小时，以后每周增加半小时直到 16 小时为止。

（3）鸡群驱虫　蛋鸡在转群一周后要进行驱虫，虽然蛔虫造成的死亡率不高，但蛔虫病可以造成病鸡生长发育较迟缓，营养不良，对蛋鸡生产性能的发挥造成很大的影响，严重的患病鸡群，往往因蛔虫堵塞肠道等，引起大量死亡，带来较大经济损失。

常用的驱蛔虫药物主要有磷酸哌嗪片（驱蛔灵）、左旋咪唑片、四咪唑（驱虫净）等。使用方法是将片剂研磨成粉末状，不能存有较大的颗粒，再加上少量饲料搅拌均匀后，将此混合料加到鸡群一次所采食的饲料中，搅拌均匀后饲喂，最好在早晨空腹时喂料，同时，供给充足的饮水，并注意舍内环境卫生，给鸡群提供一个安静、适宜的小气候环境。

（4）体重监测　蛋鸡开产后，体重仍在稳步增加，一般品种要到 28 周龄后，才能达到成年鸡的标准体重。产蛋鸡应每隔 4 周，进行一次体重随机抽样测定，以了解鸡群的整体发育情况和体重的均匀度。根据体重变化（表 3-24），及时调整饲料营养水平和饲养管理措施，使鸡群始终处于良好状态，保证鸡群的高产和高成活率。

具体办法是在鸡舍的不同位置选定至少 10 笼样本鸡（哨兵鸡），样本鸡一旦确定就不得移动，每月测量样本鸡的体重，求出平均体重，对照每月体重增长量是否符合要求，然后及时调整每日给料量，因各地产蛋鸡饲料的营养水平有差异，因而产蛋鸡的给料量也不尽相同，切不可因盲目追求蛋个大而无节制地提高采食量。否则，将会使鸡群过肥而过早地出现脂肪肝，导致死淘率增加，以控制产蛋鸡在产蛋期间体重增长到理想的水平。

表 3-24　不同品种蛋鸡各周龄体重（克）

周龄	白壳蛋鸡	褐壳蛋鸡	粉壳蛋鸡	矮小蛋鸡
21	1 360	1 700	1 550	1 200
22	1 410	1 750	1 590	1 220
23	1 445	1 800	1 630	1 240
24	1 480	1 840	1 670	1 260
25	1 515	1 880	1 710	1 280
30	1 680	2 080	1 880	1 380
40	1 700	2 110	1 910	1 400
50	1 720	2 140	1 940	1 440
60	1 730	2 170	1 970	1 460
72	1 750	2 200	2 000	1 480

注：以上数据仅供参考。每个品种的体重应以种鸡场提供的资料为准。

（5）密切观察鸡群　随时注意鸡群的健康状况，发现病鸡和精神差的鸡应立即挑出，隔离饲养和治疗，及时淘汰病残、啄蛋的母鸡，以减少饲料消耗损失。病鸡表现为鸡冠苍白或紫黑、食欲差或拒食、精神萎靡、两眼无光或紧闭、羽毛蓬松；有的鸡张口扬脖呼吸，带有异常音、口腔有黏液、嗉囊充满气体；泄殖腔周围沾有粪便等各种异常表现。正常鸡群表现为冠髯鲜红、羽毛紧凑、精神活泼、反应灵敏、采食积极、头立尾翘、粪便成形，上覆白色尿液。

（6）做好生产记录　生产记录是鸡群实际生产情况和日常活动的反应。要想管理好鸡群，必须要有记录，通过生产记录，可以了解生产情况，指导下一步的生产活动。每天应记录蛋鸡的存活数、淘汰数、死亡只数、鸡群产蛋量、饲料消耗、破损蛋，以及免疫接种、用药、消毒等情况。每周进行统计、比较和分析。

品种优良、饲养管理正常的鸡群，通常在产蛋率达 5％后，每周都在翻番，在产蛋率达 40％后，每周以半倍量增长，4～5周后进入产蛋高峰，高峰期持续 10～20 周后，产蛋率开始平稳下降。

（7）蛋重抽检　各品种蛋鸡有各自的蛋重标准，蛋重是蛋鸡的重要经济性状之一，直接决定着鸡蛋的总产量，蛋重主要是受遗传因素控制的，也受母鸡年龄、体重、营养水平、光照、温度和健康等因素的影响。

正常蛋重为 50～65 克。在蛋鸡的一生中，蛋重是在不断增加的。要定期对蛋重进行抽检，将抽检结果与标准蛋重进行比较，如果蛋重低于标准蛋重，说明饲料或饲养管理环节出现问题。

（8）及时捡蛋，减少破蛋脏蛋

①产蛋鸡群蛋的破损率不应超过 1％～2％。

②在蛋鸡饲养管理中应及时捡蛋，至少要做到上下午各 1 次，最好每天 3～4 次，产蛋高峰期增加 1 次。

③及时淘汰鸡群有啄癖的鸡。

④注意调控饲料，避免矿物质元素和维生素 D 的缺乏或日粮中钙磷比例失调。

⑤检查鸡笼是否有老化、失修、笼体变形、开焊或断口增多等问题。

⑥有效防控传染性支气管炎、产蛋下降综合征、新城疫，以及钙、磷、锰或维生素 D 缺乏症或过多症等疾病。

4. 产蛋鸡的阶段饲养管理要点

（1）产蛋前期（18～22 周龄）的饲养管理要点

①细心管理　从育成鸡转为产蛋鸡，特别是育成时鸡平养，转群后改为笼养，鸡多有不适；转群后鸡群要建立新的群体序列，个体之间的争斗不可避免；冲撞鸡笼、别翅膀、卡脖子、吊鸡等现象时不时发生；在转群后的头几天，饲养人员要多在舍内巡视观察，饲喂上尽量不变化，尽可能让鸡多采食，促其摄

取充分的营养，以便恢复体力，也为产蛋时的营养储备打基础。

②适时开产　每个品种都有自己的适宜开产日龄，过早开产的鸡群，蛋重小、产蛋高峰期短、饲养期死淘率高，反而经济效益不好。控制开产日龄的基础是育成鸡发育正常，关键手段是光照刺激，结合饲喂技术（表 3-25）调整，逐步增加营养供给。

表 3-25　产蛋前期的饲喂技术

内　容	技术关键点
自由采食	母鸡在其后第一个产蛋年中，要生产出自身体重 8～10 倍的鸡蛋，自身体重还要增长 1/4，必须采食到其体重 20 倍的饲料。从鸡群开始产蛋时起，让鸡自由采食，直到产蛋高峰过去的两周后为止
钙的供给	产蛋前期饲料中钙的含量多为 2％。应在 21 周将钙调高到 3.5％或在饲料中添加颗粒状钙源饲料，以满足部分早产蛋鸡的需要
过早补钙的危害	过早补钙，不利于钙质在母鸡骨骼中的沉积，影响到钙保持（留）能力。鸡日粮中含钙量过高，抑制鸡的食欲，影响磷、铁、铜、钴、镁和锌的吸收。18 周龄之前不能饲喂产蛋前期料
及时更换高峰料	当鸡群的产蛋率达 5％后，更换为产蛋高峰料（通常的蛋鸡 1 号料），高峰料的蛋白质水平是 17.5％～17％，钙水平是 3.5％～3.8％

（2）产蛋鸡高峰期（23～40 周龄）的饲养管理要点　此阶段应最大限度减少或消除各种不利因素对蛋鸡的有害影响，创造一个有益于蛋鸡健康和产蛋的最佳环境，使鸡充分发挥生产性能，以最少投入换取最大的产出，从而获得最大的经济效益。

①注意观察鸡群，及时补充营养。

A. 供足蛋白质　当产蛋率在 85％以上时，每只轻型蛋鸡每天需要摄入 17～18 克蛋白质，每只中型蛋鸡每天需要摄入 19～20 克蛋白质。一般产蛋率每提高 10％，日粮中蛋白质水平应大约提高 1％。此外，当预见产蛋率要上升时，要提前 1 周喂给较高蛋白质水平的日粮，而当产蛋率开始下降时，日粮的蛋白质水平也要推后 1 周降低标准。

B. 控制能量　当产蛋率达 90％时，每千克饲料的代谢能应控制在 11.3～11.5 兆焦，这样增加饲料蛋白质含量就能有效促进产蛋高峰迅速到来。

C. 补充青绿饲料　青绿饲料中含有丰富的蛋白质、维生素、叶绿素以及许多未知的营养因子，适当增喂一些青绿饲料，可激活鸡的生殖机能，提高产蛋量。

D. 补钙　每天 12：00—18：00 给产蛋鸡补饲钙质效果最好。产蛋鸡日粮中钙的含量一般要高于 3％，在产蛋高峰期（产蛋率达 80％以上）日粮中钙含量可增加到 3.5％～4％；产蛋率在 65％～80％时，日粮中的钙应保持在 3％～3.25％。除了在饲料中补钙外，在舍内或运动场上放置盛有贝壳、骨粉的盆让鸡自由采食，也有良好效果。

E. 补充维生素　如果高峰期产蛋率高于 93％，高峰延续时间长，饲料中应加量添加多种维生素，并在每千克饲料中添加 100 毫克维生素 C。

F. 使用优良饲料　保证饲喂的饲料新鲜，不喂霉败变质饲料，喂料要做到少喂勤添。

②合理的补光　产蛋鸡的光照原则是光照时间宜渐长不宜渐短，光照强度也不要减弱，从而使蛋鸡适时开产并达高峰，充分发挥其产蛋潜力。人工补光一般从蛋鸡 21 周龄开始，21～24 周龄每周增加光照半小时，25 周龄以后每 2 周增加光照半小时，直到每天光照时间达到 16 小时为止。补光时间以每天凌晨到天亮之前为好。

③供给水质良好的饮水　高峰产蛋鸡绝对不能断水，断水造成产蛋下降，很难恢复原有产蛋率。产蛋鸡断水 36 小时，就会

使产蛋降至 5％ 以下，甚至会造成停产。要注意检查饮水器具，杜绝饮水不足或断水现象的出现。产蛋鸡的饮水量，随温度变化而变化。

④减少应激　蛋鸡进入高峰期，生产强度大、生理负担重、抵抗力差，对环境变化非常敏感，尤其是轻型蛋鸡尤为神经质，任何环境条件的变化都能引起应激反应，使产蛋高峰急剧下降。因此，在鸡群达到产蛋高峰的关键时期，应采取一切有效措施，做到饲料要稳定，切忌随意调整日粮配方，尽量不要打针、驱虫、断料、断水、停电、停光、温度太高、舍内有害气体超标，减少应激刺激，保持鸡群高产、稳产。

⑤确保鸡群健康　处于产蛋高峰期的母鸡，其繁殖机能最为旺盛，代谢最为强烈，是合成蛋白质最多的时期。此时鸡体处于巨大的生产状态之下，抵抗力较弱，容易得病，必须特别注意环境与饲料卫生，定期带鸡消毒，做好大环境及鸡舍用具的消毒工作，使鸡群免受病菌的侵染。

⑥巧用添加剂　喂小苏打可提高产蛋率和蛋壳强度，减少破蛋；添加 0.15％氯化胆碱可维持产蛋率 79％ 以上。

⑦控制体重和抗早衰　产蛋高峰期控制体重和抗早衰是防治产蛋率下降的有效方法。蛋鸡体重的增长终点在 36 周，产蛋率生理下降的起点在 40 周，36～42 周若继续增重，鸡的脂肪增加较快，将影响产蛋率，产蛋下降速度加快。

⑧保持舍内环境条件的稳定　产蛋舍内要有良好的通风系统，特别是产蛋高峰碰到炎热的夏季时，只有保持鸡舍内的凉爽，让鸡群舒适才会有良好的采食量，才可能得到应有的生产性能。注意防寒防暑，遇到天气干燥的季节在舍外多泼洒清水，增强防尘；夏季投喂解暑药物。

（3）产蛋中期（41～53 周龄）的饲养管理要点　高峰后平稳期的鸡群由于产蛋高峰影响，体质开始下降，日粮消耗略有增加，鸡的外观产生了一些变化，鸡群有脱毛换羽现象，蛋品质也稍有下降。要尽量延长平稳期的时间，使产蛋下滑减慢，多增效益。

①及时调整饲料营养　产蛋鸡后期日粮营养应根据季节的不同而变化。夏季气温高时，应适当减少能量饲料，增加蛋白质和钙质饲料，同时补充维生素 C；冬季气温低于 10℃时，则要适当增加能量饲料，而减少蛋白质饲料，并加喂颗粒料。

②适当增加饲料中钙和维生素 D_3 的含量　产蛋高峰过后，蛋壳品质往往很差，破蛋率增加，每日 15：00—16：00，在饲料中额外添加贝壳砂或粗粒石灰石，可以加强夜间形成蛋壳的强度，有效地改变蛋壳品质。添加维生素 D_3 能促进钙磷的吸收。

③适当添加应激缓解剂　在每千克饲料中添加 60 毫克琥珀酸盐，连喂 3 周；或按每千克饲料加入 1 毫克维生素 C，以及加倍剂量的维生素 K_3，可以有效地减缓应激。

④适当添加氯化胆碱　在饲料中添加 0.1%～0.15% 的氯化胆碱可以有效地防止蛋鸡肥胖和产生脂肪肝，因为胆碱有助于血液中脂肪的运转。

⑤保持充足的光照　每日光照时间应保持 16～17 小时，光照强度15 ～ 20 勒克斯，可延长产蛋期，提高产蛋率5%～8%。

⑥适度减料限饲　当鸡群产蛋高峰过后，产蛋率有下降趋势时，可适当进行减料，以降低饲料消耗。方法是：按每鸡日减料 2.5 克，观察 3～4 天，看产蛋率下降是否正常（正常每周下降 1%～2%），如正常，则可再减 1 ～ 2 克；若仍无异常，还可再减 3 克，这样既不影响产蛋，又可减少饲料消耗，防止鸡体过肥，减少换羽和就巢母鸡的数量。如产蛋量超过正常下降速度，则须立即恢复饲喂量以免降低生产性能。不同体型、品种蛋鸡限制饲喂时的要求以及具体限制饲喂方法见表3-26。

表 3-26　限制饲喂的要求及限制饲喂方法

限制饲喂开始周龄	方法
40 周龄后	每 100 只母鸡每天饲喂量减少 220 克，连续减料 3～4 天，观察产蛋量变化→产蛋量下降不多（符合产蛋标准）→连续数天执行这一饲喂量→过一段时间再尝试类似的减料，观察产蛋量变化→如产蛋量下降异常→恢复至前期给料水平； 限饲的饲喂量：正常采食量的 90%～95%。可根据环境条件和鸡群情况灵活掌握

注：高产蛋鸡对限制饲喂反应十分敏感，进行限制饲喂时要相当谨慎。适度的限制饲喂，使蛋重减少不到 1%。

⑦及时淘汰低产鸡和休产鸡　及时淘汰病、伤、残、弱、瘸、脱肛、瘫鸡；鸡群中的过大、过肥（左手夹住鸡两翅膀根，用右手拇指与食指夹住鸡下腹松散组织，如两指间皮下脂肪在 2.6 厘米以上则为过肥）、过小、过瘦鸡也要淘汰。高、低（休）产鸡外观见表 3-27。

表 3-27　高、低（休）产鸡外观

产蛋状态	外观
高产鸡	眼大有神；头部清秀；冠和肉髯肥大，手触之有温度感，红润有弹性；身上羽毛蓬松稀疏，比较干燥没有油性；耻骨间距宽，泄殖腔呈椭圆形，宽松湿润；胫部皮肤褪色明显，多为黄白色
低（休）产鸡	眼神迟钝，冠和肉髯萎缩，手触之无温度感，颜色苍白；身上羽毛油滑光亮，较为完整；耻骨间距窄；泄殖腔呈圆形，干燥皱缩；胫部皮肤不褪色，多为枯黄色

（4）产蛋后期（54 周龄至淘汰）的饲养管理要点　当鸡群产蛋率由高峰降至 85% 以下时，就转入了产蛋后期的管理阶段。此时母鸡为 50～60 周龄，只产出了第一产蛋周年 60% 的蛋，还有 40% 仍未产出，鸡群还有很大价值，因此，还有必要加强产蛋后期的管理，力争得到全部未产出的蛋。产蛋后期管理要点主要是确保

鸡群能如标准生产曲线那样缓慢地降低产蛋率，不出现大幅度下降的现象，尽可能延长其经济寿命。

①增加日粮中钙和粗纤维的含量　由于经过长时间的产蛋，钙的消耗很大，而且此时鸡对钙的吸收利用能力也有所降低，发生蛋壳质量下降的现象。因此，要提高日粮中钙的水平，调整钙磷的比例，钙为 3.6%～4%，总磷为 0.55%～0.7%。适当提高饲料中的粗纤维含量，但不要超过 7%。

②避免骤然换料　为了防止产蛋率下降过快，高峰料向后期料的转换要有 7～10 天的过渡期。

③增加光照时间　产蛋后期可以将光照时数逐渐增加到每天16.5～17 小时，但切不可超过 17 小时。

④防治脂肪肝出血综合征　适当降低饲料的营养浓度，降低能量水平，调整蛋白能量比以及各种必需氨基酸之间的平衡，可用麸皮代替 5%～10% 的玉米，或用富含亚油酸的植物油代替饲料中常用的动物油和混合油；要随产蛋量的降低而相应减少喂料量；日粮中添加烟酸、氯化胆碱、肉碱、甜菜碱、维生素 C、肌醇等，连喂10～15 天；病情严重的鸡群，可减少饲料量 15%～20%，连续 7～10 天，以遏制病情发展，保护鸡群。在鸡日粮中添加富含不饱和脂肪酸的向日葵籽油，使用止血药如维生素 K_3 等，连续投药 20～30 天。添加维生素 E、硒和有机铬化合物和黄酮类化合物等抗氧化剂，或添加碘化酪蛋白。

⑤减少饲料浪费　饲料费用一般占生产成本的 60%～70%，实际上优点场户的饲料费用（包括育雏期、育成期）可以占生产成本 90%～95%，因此减少饲料浪费对于降低生产成本是十分重要的（表 3-28）。

表 3-28　防止饲料浪费的主要措施

措施	具体内容
饲喂全价料	饲料营养不平衡时，是最大的饲料浪费，鸡为采食到充足的各种营养而产蛋，势必要多采食饲料

（续）

措施	具体内容
不饲喂发霉变质的饲料	鸡采食霉变饲料后，导致腹泻
添加饲料	一次不要过多，一般为料槽的 1/3 高度即可；过多添加后，鸡极易在采食中将饲料刨出食槽
饲料加工	蛋鸡料不能粉碎过细，应有一些小颗粒，具体标准是：100％通过 4.00 毫米编织筛，但不能有整粒谷物，2.00 毫米编织筛上物不得大于 15％。饲料过细，鸡采食不便，易产生粉尘，且通过鸡消化道速度快，不利于吸收
饲养管理	及时淘汰低产鸡和休产鸡

⑥及时催醒　就巢性催醒就是让鸡"醒窝"。就巢性是禽类繁殖后代的本能。就巢鸡催乳素的分泌量比产蛋鸡高 2 倍，对性腺活动有抑制作用。母鸡一旦就巢开始，其卵巢和输卵管开始萎缩，停止产蛋。在某些地方品种鸡的就巢性很强，就巢率甚至高达 50％以上，对产蛋有很大影响，可以导致产蛋下降甚至停产。影响鸡就巢的因素有鸡体内的激素分泌、季节与环境温度、其他鸡的就巢行为。

⑦人工强制换羽　当市场蛋价行情不好时，为避开低蛋价时间段，或为降低引种和培育成本时，人工强制进行换羽，通过断水、断料、改变光照等人为因素，强行对产蛋鸡施压，使鸡体内激素分泌失去平衡，促使卵泡萎缩，引发停产与换羽，以缩短自然换羽的时间，延长产蛋鸡的利用年限，可以尽快提高产蛋率，改善蛋壳的质量。具体方法见表 3-29。

表 3-29　常用的人工强制换羽方法

方　　法		光照控制	成功的标志
饲养管理方法	①剔除病弱低产鸡，挑出已换羽或正在换羽鸡单独饲养；②准备换羽前 1 周，鸡群接种疫苗；③换羽开始后，同时停水停料 2 天，夏天温度太高时可停水 1 天，为防止因停产下软壳蛋，可在停料开始前 2～3 天，每天每只鸡喂 3～4 克石粉或贝壳粉；④第 3 天开始，恢复供水，不供料；⑤根据外界温度不同，断料天数在 7～12 天之间。夏天天数多，冬天天数少。当有 80% 鸡的体重下降了 27%～30%，可恢复供料：开始 1～3 天，每天每只鸡仅喂 10 克料（育成料或产蛋料都可以），第 4 天和第 5 天每天每只喂 20 克料，以后每天每只增加 15 克料，一直恢复到正常采食为止。如喂的是育成料，当鸡开产后，换为产蛋料	同步光照控制。具体为：①停水停料第 1 天光照 16 小时；②第 2 天光照 14 小时；③第 3～39 天每天光照 8 小时；④第 40 天开始，每天增加光照 20 分钟，直至每天光照 16 小时为止	人工强制换羽初期要密切关注鸡体重的变化，如失重率不达 25% 以上便恢复供料，多半换羽不彻底，当失重率超过 35% 以上时，鸡群的死亡率会明显增加；换羽期间的死亡率是换羽是否成功的标志，第 1 周不应超过 1%，前 10 天不能超过 1.5%，前 5 周不能超过 2.5%，整个换羽期 8 周的死亡率不应大于 3%
化学方法	①用含 2% 锌（氧化锌或硫酸锌）的高锌日粮，不停水，不停料；②从第 8 天起饲喂普通的产蛋鸡日粮	①光照可变也可不变（如有补光则停下来，改为自然光照）；②让鸡自由采食高锌日粮，1 周后鸡的采食量大降，通常为正常采食量的 20% 以下。体重降低 30% 以上	

5. 产蛋鸡的四季管理要点

为了维持产蛋曲线的平稳变化，保持相对高的产蛋率，要根据四季的环境变化，采取相应的管理措施。

（1）春季管理要点

①科学的饲养　要根据产蛋量的变化适当调整日粮。一般产蛋

率每提高 10%，饲料中蛋白质相应提高 0.5%，但蛋白质最高也不能超过 18%。在蛋鸡日粮中可添加抗应激药物，如维生素 C、碳酸氢钠，并注意观察鸡的采食量，不断调整饲料的适口性。

②合理的光照　产蛋阶段光照要增加而不能缩短。一般早、晚各开、关灯 1 次，比较理想的是采用早晨补充光照。人工光照所用光源以白炽灯为最好。一般产蛋鸡的适宜亮度是在鸡头部有 5～10 勒克斯即可。

③防止倒春寒和应激　早春冷暖天气交替变化，昼夜温差大，时不时有倒春寒出现，管理上要精心，对通风换气灵活掌握，根据外界气温、舍内温度、鸡群状况决定换气量和具体方式。

④环境整治和卫生清扫　春季也是疫病频发的季节，要对鸡舍外的大环境进行一次彻底整治，对舍内也要进行认真的卫生清扫。

⑤加强植树绿化工作　春季是植树的大好季节，要搞好场区的绿化工作。

（2）夏季管理要点　夏季是高温、高湿季节，对养禽业威胁严重。因为鸡不耐高温，因此防止热应激、增加采食量、改善饲料报酬、提高产蛋鸡的产蛋率是炎热夏季的管理核心，在天气炎热的季节，因饲料消耗降低常导致基本的非能量营养物的严重不足而使蛋鸡产蛋率下降，蛋重变小。

①降低舍内温度

A. 加强鸡舍隔热降温。很多鸡舍都构造比较简单，跨度小，高度低，隔热降温能力差。为此可以在房顶加盖一层低价石棉瓦，石棉瓦与房顶之间 20～25 厘米；在鸡舍顶处用 2 厘米厚的白色泡沫塑料做一层天花板；在鸡舍的屋顶上覆盖一层 10～15 厘米厚的稻草或麦秸，撒上凉水，并保持长期湿润；在窗上搭遮阳棚，阻挡阳光直射入舍；在鸡舍周围墙壁上涂上石灰水，既消毒又反光降温，采取上述措施一般可降温 6℃ 左右。

B. 在高温、自然通风条件较差的情况下，如每天 11：00—16：00 最炎热的时段，舍温超过 33℃ 时，用喷雾器或喷雾机向鸡舍顶部和鸡体喷水，鸡体喷雾降温时要在鸡头部上方 30～40 厘米喷洒凉水效果最好，且雾滴越小越好，在喷水的同时要保证鸡舍内空气流动，最好采取纵向通风的方式。每天中午 12 点以后，可用高压喷雾器将刚从井里打上来的凉水进行舍内喷雾，可视舍内温度情况每隔 2～4 小时喷雾 1 次。

C. 在高温而无风的天气里，一定要加强通风降温，以利鸡体散热，改善舍内空气质量，防止中暑。应加大换气扇的功率，或改横向通风为纵向通风，使流经鸡体的风速加大，及时带走鸡体产生的热量，达到防暑降温的目的，如结合喷水洒水，效果更好。

D. 降低饲养密度可减少鸡体自身产热量，避免鸡互相拥挤时的应激，有利于鸡的散热，明显提高饲料报酬。笼养鸡按笼底面积每平方米不超过 10 只为好。产蛋鸡最适宜的湿度是 50％～55％，在采用水帘降温时须特别注意湿度问题。

E. 要因地制宜搞好绿化，在不影响鸡舍通风的情况下，在鸡舍周围种植草皮都能有效吸收太阳热辐射，充分发挥其增湿降温、调节环境小气候的作用。

②调整饲料配方及粒型

A. 使用颗粒料，在降低舍温的同时，投喂适口性好的饲料如颗粒料。

B. 调整饲料配方，鸡群在产蛋高峰前如达不到每只鸡每日 100 克（白壳系）和 120 克（褐壳系）的采食量，可适当提高蛋鸡日粮的蛋白质水平（19％～21％），以保持产蛋率在持续上升及提高早期蛋重所需要的蛋白质。

C. 根据产蛋情况，也可适当降低饲料中粗蛋白质水平，但应提高单体氨基酸的添加，确保配方中的氨基酸平衡。

D. 增加维生素含量，特别是维生素 C 和维生素 E。

E. 提高能量水平，可用 2％～5％ 的油脂、熟豆粉等替代玉米，使饲料能量高出标准 5％～8％。

F. 适当增加钙质如碎石粒、贝壳粉等。

③适当补充抗热应激添加剂

A. 在饮水中加入适当的小苏打、溴化物缓冲液、藿香正气水等，均可有效地防止或减轻热应激的危害。

B. 在饲料中添加 1% 的氯化铵和 0.5% 的碳酸氢钠，或饮水中添加 0.2% 的氯化铵和 0.2% 的氯化钾。

C. 调整饲喂时间，改变饲喂方法。避开高温，在一天中比较凉爽的时刻饲喂；供料时，每天至少匀料 4 次，增加匀料次数，不仅使饲料均匀，降低损耗，而且可以增加食欲，避免饲料霉烂变质，造成浪费；保证全天供给充足新鲜的凉水；尽量减少各种应激因素产生。

④注意灭鼠、防蚊蝇滋生、防蜱螨和羽虱　夏季是鼠类和蚊蝇大量繁衍的季节，要做好经常性的灭鼠、灭蚊蝇工作，以减少饲料的浪费和疫病的传播；同时也要注意防止蜱螨和羽虱的繁殖与传播。

（3）秋季管理要点

①及时淘汰低产鸡　立秋后，白昼变短，黑夜变长。经过一段时间的产蛋后，有部分低产鸡开始停产换羽；如果鸡体羽毛良好、鸡冠萎缩、耻骨间隙变窄，基本上就是停产鸡，应该抓紧淘汰；产蛋鸡应是羽毛残旧、鸡冠红润。

②做好舍内通风，保持昼夜舍内环境的相对稳定　平时关注天气预报，气温高时加强通风降温，气温低或寒流到来时要注意关闭门窗，要避免舍内温度的剧烈波动。在气候变化剧烈时，通过门窗的开闭等措施来保证舍内温度的相对稳定。

③适当调整光照　在秋季，自然日照时间逐渐缩短，为了保证足够的光照时间，要早晨晚关灯，晚上早开灯，并且在白天光线太暗时也要适当开灯，以确保鸡舍内适宜的光照长度和强度。

④适当调整饲料配方　随着气温的逐渐降低，鸡的采食量也会逐渐增加，应适当增加玉米等能量饲料的用量，减少豆粕等蛋白饲料的用量。

⑤勤清粪，常消毒，灭蚊蝇　为了防止蝇蛆的繁殖和改善舍内空气质量，可以 1～2 天清粪一次，用自动清粪的可以每天清 1～2

次。秋季要注意搞好舍内环境卫生，做好鸡舍内外的日常消毒工作。要注意消灭蚊蝇，以防止蚊蝇传播疾病。门窗钉上纱网，定期对舍内外喷洒杀虫剂。

⑥做好免疫接种，预防常发疾病　秋天由于气温逐渐降低，且早晚温差大，早晚天气凉，寒流不时侵袭，秋后风又多，蛋鸡的呼吸道疾病发生频繁，也容易传播，因此除加强饲养管理外，还要对常见的疾病进行预防。对秋冬季产蛋鸡群常见的鸡痘、新城疫、禽流感、传染性喉气管炎等疾病提前接种疫苗进行预防。在饲料或饮水中添加相应药物进行预防，根据情况可以用 2～3 个疗程，每次 4～5 天。

（4）冬季管理要点

①防寒保暖，保持环境温度是维持母鸡冬季产蛋的关键　冬季鸡舍温度应保持在 8～13℃ 之间；要将鸡舍的北窗封严，最好能在北墙外做一道防风障，在进入鸡舍的门上挂上棉门帘，使鸡舍内的温度不低于 10℃；在冬季来临前，修好窗门，堵塞风洞，搞好鸡舍维修防止贼风侵袭；适当提高饲养密度，利用其体热增加舍温；舍内垫厚干草，及时清除鸡粪，天气晴朗时勤换勤晒垫料。

②加强通风换气　在冬季，为强调保温，门窗封得较严，加之清粪不及时，易使鸡舍内氨气、硫化氢含量增高，如不能及时通风换气，将会给鸡群造成危害。在防寒保温的同时，必须对鸡舍的通风换气给予足够的重视，防止有害气体（氨、二氧化碳等）的积聚，降低细菌和灰尘量，保持空气清新；最好在中午打开门窗、抽气筒和天窗，调节气流，使空气新鲜；要根据舍内外温差、鸡的情况、风力大小灵活制定通风换气方案。

③补充光照，增加光照时间　在白天自然光照短于 12 小时的冬季，须人工补充光照，以天亮前和日落后各补一半为好；补充光照只宜逐渐延长，每次增加量不超过 1 小时，并稳定 5～7 天；要求每周擦一次灯泡，注意保持灯伞完好；切忌忽照忽停，忽早忽晚，忽长忽短，忽强忽弱。

④调整饲喂量及饲料配方，供足营养　冬季温度低，为了御寒，鸡要加大采食量，一般要比正常时增加 5％～10％。应适当提高饲料中代谢能水平，降低蛋白质等的营养水平，补喂青菜、谷芽等青绿饲料、维持钙磷平衡；可在一般饲料中加入 10％～15％动物性饲料和矿物质饲料；每日喂料 3～4 次，要求定时定量，自由采食；在饲料形态上适当增加粒料量，保证最后一次喂颗粒性饲料，如粉碎的玉米、小麦、稻谷等高能量饲料。

⑤精心管理　冬季舍内外温差较大，鸡群要早关晚放；每天放鸡前要先开部分窗户，使舍内温度逐渐降低后再放鸡出舍；让鸡多晒太阳，增加运动；鸡群活动减少时，可在垫料上撒些谷物或在舍内悬吊青菜，促使鸡活动，吊菜的高度宜在母鸡喙部伸到的水平高出 3～4 厘米，不可过高或过低。

三、产蛋鸡的疾病防治要点

1. 产蛋鸡的主要疫病防治　产蛋鸡生产最大的风险是疫病，如何做好疫病防控，对于养殖者来讲尤为重要。产蛋鸡最主要的疫病包括新城疫、禽流感、鸡传染性支气管炎、产蛋下降综合征等，当发生产蛋鸡减蛋时，应细致调查，研究观察，做出正确的病因判断，才能采取有效的防治和改善措施，将损失降到最低。

（1）严格进行引种检疫　引种时要认真调查当地疫病发生和防治情况，并对要引种鸡群进行必要的血清学检测，引进后进行隔离观察，确认健康后方可进场。

（2）加强饲养管理　提高鸡的抗病力和对免疫的应答。严格隔离消毒，切断传播途径。应执行全进全出制，加强检疫，防止动物进入易感鸡群，不从疫区引进种蛋和雏鸡，工作人员、车辆进出须经过严格消毒处理。

（3）加强卫生消毒措施　疑似疫病发生时立即隔离、封锁并采集病料送有关化验室进行检查，发现有强毒株感染时立即采取严格处理措施。

（4）科学的疫苗免疫　根据抗体检测结果，结合流行病学而制定合适的免疫程序；根据免疫效果来不断地补充和完善免疫程序，避免长时间套用一种免疫程序。考虑影响免疫效果的可能因素，注意免疫途径、免疫方法、免疫次序和免疫次数，确保免疫效果，提高群体免疫应答的整齐度。

（5）加强实验室监测 通过实验室监测，及时发现阳性鸡并对其进行监控和捕杀。同时加强鸡舍和环境的消毒，以防止病毒感染的蔓延，特别是防止低毒力毒株在鸡群中反复继代繁殖而发生毒力变强。

2. 产蛋鸡饲养管理性疾病的防治

（1）笼养蛋鸡疲劳综合征（又称笼养蛋鸡骨质疏松症）是笼养蛋鸡的一种全身性、营养紊乱性骨骼疾病。几乎发生在所有笼养产蛋鸡群中，发病率为1%～10%。常发生于产蛋高峰期。发病原因主要是各种原因造成的机体缺钙、磷或钙磷比例失调；或与缺乏运动也有一定关系，如育雏、育成期笼养，或上笼过早，笼内密度过大；还有某些寄生虫病、中毒病、管理的原因以及遗传因素也可能导致发病。

①临床表现 产蛋鸡突然死亡，输卵管中常有软壳或硬壳蛋。初期病鸡食欲、精神状态和被毛均无明显变化，产薄壳蛋、软壳蛋，鸡蛋的破损率增加。症状稍重时，病鸡腿部虚弱无力，不能站立或经常呆立在鸡笼的后部。严重时，病鸡脚爪弯曲，运动失调，甚至不能接近饲槽和饮水器，症状加重，易骨折，伴发软组织增生引起骨变形。有些病鸡可因胸椎骨折、凹陷损伤脊髓而部分或全身瘫痪。后期的病鸡仍有食欲，终因不能采食和饮水而死亡。

②预防措施

A. 加强管理。饲养密度不可过大，上笼不可过早；在炎热的天气，给鸡饮用凉水，在水中添加电解多维；做好鸡舍内的通风降温工作；每天早上观察鸡群，以便及时发现病鸡，及时采取措施；按照鸡龄适时换料。

B. 保证全价营养。在开产前2～4周饲喂含钙2%～3%的专用预开产饲料，或产蛋率达1%时，及时换用产蛋鸡饲料。高产蛋鸡饲料中钙水平应为 3.5%，并保证适宜的钙磷比例，每千克饲料添加 2 000 国际单位维生素 D_3。如鸡群采食量较小或遇炎热季节，可将钙含量增加到 3.8%～4.0%，并增加维生素 D_3 的添加量，使每只母鸡每天的钙摄入量达到 3.5 克以上。

③治疗方法 将症状较轻的病鸡挑出，单独喂养，补充骨粒或粗颗粒碳酸钙，一般 3～5 天可治愈；停产的病鸡在单独喂养、保证其能吃料饮水的情况下，一般不超过一周即可自行恢复；同群鸡饲料中添加 2%～3%碳酸钙，每千克饲料中添加 2 000 国际单位维生素 D_3，饲喂 2～3 周。

（2）脂肪肝出血性综合征（俗称脂肪肝或脂肪肝综合征）是产蛋鸡常见的一种营养代谢病，主要发生在营养良好、体重较大，但产蛋率较低的鸡群。产蛋前期表现为产蛋高峰期上升慢，峰值较低；发病死亡主要集中在高峰期过后。连续不断地零星死亡是本病特征，极易被忽视和误诊。产蛋全期死亡率可达 5%～10%，损失较大。主要发病原因包括营养过剩、饲料中蛋白能量比不合适；营养素（氯化胆碱、维生素 E、维生素 B_{12}、蛋氨酸等）缺乏；运动不足；肝脏功能受损，如各种病毒性疾病、体温高热稽留、肝胆疾病，以及重金属、黄曲霉毒素、棉籽粕和菜籽粕中所含毒素等引起的中毒。

①临床表现 鸡群在精神状态、采食饮水、粪便等方面没有明显变化，只是在产蛋初期表现产蛋率上升较慢，高峰期产蛋率较低，很难超过 90%；病鸡多为肥胖、体重较大的鸡，在没有任何先兆症状的情况下，突然发生惊叫，挣扎死亡，腹内往往有已形成的鸡蛋；部分鸡生前有冠髯萎缩、苍白、产蛋量下降现象。

②预防措施

A. 根据鸡的饲养标准，科学制定饲料配方，做到营养成分能满足健康和生产需要，但不过剩；各种营养成分之间比例合理，特别是蛋白能量比。

B. 认真监测育雏育成期体重变化，当平均体重超过标准体重 5%时，要立即进行限饲。

C. 产蛋高峰期过后，要随产蛋量的降低而减少喂料量，或降低饲料的营养浓度。

③治疗方法

A. 适当降低饲料能量水平。可用麸皮代替 5％～10％的玉米，或用富含亚油酸的植物油代替饲料中常用的动物油和混合油。

B. 饲料中添加维生素 C、维生素 E、氯化胆碱、肌醇等，可使用 2 倍量，连喂 10～15 天。

C. 病情严重的鸡群，可减少饲料量 15％～20％，连续 7～10 天，以遏制病情发展，保护鸡群。

D. 使用止血药如维生素 K_3 等，坚持投药 20～30 天。

E. 为防止并发感染和继发感染，可给予抗菌药物，每次 3～4 天，隔 15～20 天重复一次，并进行饮水消毒。

（3）啄癖（异食癖、恶食癖）　主要发病原因包括：环境条件方面（群体饲养密度过大，鸡舍空间不足，育雏时温度过高，潮湿闷热，采食或饮水不足，灯泡太低太亮，通风不良）；饲料营养（饲料中蛋白质或含硫氨基酸不足，食盐不够；缺乏某种微量元素或维生素；粗纤维太少，往往是代谢能得到了满足而本身没有饱感）；疾病（鸡患某种疾病，如慢性肠炎造成营养吸收差；虱、螨等体外寄生虫的侵扰；采食霉变饲料引起鸡的皮炎及瘫痪；个别鸡外伤出血）；其他方面（有的蛋鸡品种性情好动，易表现啄斗行为；早熟母鸡比较神经质，也易发生啄癖）。

①啄癖的表现

A. 啄趾常见于育雏期，因饥饿导致。雏鸡因吃料不方便、胆小体弱的鸡因防御强者进攻无法靠近饲料，或因采食拥挤吃不到饲料会啄自己的或相邻鸡的脚趾。

B. 啄羽常见于育成期。啄食其他鸡的羽毛，多见于啄食背部尾尖的羽毛，拔出并吞食，以强者进攻弱者居多。羽毛脱落会导致组织出血，诱发啄肉，导致死亡或被淘汰。

C. 啄肛常见于高产蛋鸡。前期见于初产蛋鸡，因增光不合理导致产大蛋或双黄蛋，使子宫脱垂或肛门撕裂，同笼鸡见红便啄。

D. 啄蛋常因饲养管理不当造成。集蛋不及时，有破损蛋长时间留在滚蛋板上，啄食后形成啄癖。

②防治措施

A. 适时断喙。蛋鸡育雏在前 7～9 日龄及时断喙。70 日龄前后视具体情况对部分鸡进行修喙。

B. 降低饲养密度。建议育雏、育成鸡放入育雏笼，小群饲养，及时扩群。成鸡每小笼装入 3 只鸡，给鸡留有活动空间。

C. 光照强度适宜。育雏的前 2 天为了让小鸡找到水和饲料，可用 60～100 瓦白炽灯，之后将灯泡换成 40 瓦，待鸡进入产蛋舍，若灯泡离地 1.8～2 米，灯距 3 米，灯泡功率不超过 25 瓦/个。

D. 改善通风，让鸡舍空气新鲜，以饲养人员进入鸡舍没有刺鼻气味为宜。

E. 及时移出被啄的鸡。移出后将被啄部位用紫药水涂抹，这样可以覆盖血色，同时，起到收敛和抑菌的作用。

F. 饲料的营养成分要全面、充足，特别是一些重要的氨基酸、微量元素和维生素更应该保证，也不要忽视粗纤维的含量。

G. 勿喂霉变饲料。

H. 改变饲料粒型。颗粒料比粉料更易引起啄癖，产蛋期饲料宜做成粉料。

I. 及时驱虫。

J. 及时治疗。当啄癖发生时，先行隔离，后按 2%～3% 的石膏粉添加到饲料中饲喂 7 天；对于防治啄肛，可将饲料中的含盐量提高到 2%，连喂 2～3 天，同时保证鸡能喝到充足清洁的饮水。切忌不可将食盐加在饮水中，以免鸡中毒死亡。

（4）坠卵性腹膜炎（又称卵黄性腹膜炎）　是指因卵黄从输卵管断裂处流入腹腔而引起腹膜炎。

①临床表现和病理变化　病鸡通常不显现症状或由于多量腹水使病鸡腹部膨大下垂，呈企鹅样姿势。剖检可见腹腔有大量卵黄或灰黄色炎性渗出物，使肠管互相粘连，或腹腔积有卵黄凝块，有时这种凝块可达拳头大或更大，致使死亡增加；卵巢中卵泡变形、变

性、变色，有卵泡破裂，耐过者消瘦，丧失产蛋能力。

②防治措施

A. 加强饲养管理。严格按照各品种鸡的营养需要配制饲料，饲料营养均衡、无霉变；在产蛋高峰期增喂多种维生素、微量元素、氨基酸；及时清理粪便，以降低氨气、硫化氢等刺激性气体的含量；鸡舍用具经常清洗消毒；控制舍内温度、湿度、密度，加强通风，给鸡群创造高产环境，提高机体体质，提高抗病力。

B. 做好各种疫病的防控工作。从无疫病的种鸡场引种，并做好鸡群的检疫、环境消毒工作；搞好鸡舍环境卫生及饮水清洁，减少应激，定期带鸡消毒来防治鸡大肠杆菌病的发生。

C. 产蛋期间尽量减少应激，防止鸡群惊群、炸群，若发生应激后，要在饲料、饮水中添加抗应激药物，减少炎症的发生，对出现症状的鸡群及时挑出淘汰。

（5）应激综合征 是指由于应激反应过强或时间过长而引起鸡体产生应激反应。应激的危害是降低鸡的生产性能和抵抗力、诱发各种疾病、产生应激综合征，严重的应激会导致鸡死亡。外界环境中的应激因素主要有：高温、寒冷、阴雨、日温差过大、过度潮湿，噪音、异常声响，鼠类等小动物骚扰，各种有害气体的存在，过度照明或光照不足。饲养管理中的应激因素主要有：强制换羽、疫苗接种、驱虫及投药，断喙、截翅、烙冠，密度增加，限制饲料与更换饲料，外伤、啄伤，捕捉、转群、运输，粪便清除不及时等。

主要防治措施是：①饲养管理。保证充足清洁的饮水，进行水质消毒工作；高温时，采用湿帘或喷水措施降低舍内温度；加强舍内通风；保持舍内光照时间及强度的稳定；减少断喙、转群的惊扰；加强鸡舍卫生清洁及消毒工作，避免粪便过多引起氨气过浓而中毒；在疫苗接种及投药时避免惊吓；减少饲养密度；避免饲料的频繁更换；丰富饲料营养，增强鸡的抗病力。②药物调整。氯丙嗪、溴化钠等有安定镇静作用，能有效地降低应激因素对鸡体的影响；促适应药如延胡索酸、维生素 C 等能提高鸡体的防御能力，促进其对应激因素的适应。

（6）蛋鸡掉毛　掉毛的主要部位在颈部和背部，有的掉毛现象与产蛋减少相伴发生，而有的掉毛现象不影响鸡群的产蛋。其主要原因是皮炎（包括毛囊炎）、羽毛的结构与质地异常或变脆、羽毛更换以及啄羽等。

主要防治措施是：①加强卫生防疫工作，定期消毒，不仅对舍外进行每周一次消毒，而且要坚持每周两次的带鸡消毒，这对环境的净化和体外寄生虫病的防治具有很大作用。对于外寄生虫病可用阿维菌素等拌料 1 次，7 天后再拌料 1 次；或用速灭菊酯，配成 0.05％溶液，给鸡群喷雾，1 天 2 次，连用 3 天；或用速灭菊酯喷洒地面、墙面、笼具等，杀灭羽虱及脱羽螨。②保证饲料营养全价均衡。羽毛生长期间，含硫氨基酸应充分供给，饲料中胱氨酸、蛋氨酸、硫酸盐的比例应为 50：41：9，每千克饲料中硫含量为 2.3～2.5 毫克。同时还应满足鸡的其他营养需要，特别是维生素、矿物质等微量元素的营养平衡。③加强饲养管理。通过完善供暖、通风降温、采光等设备设施，确保舍内温度一直维持在 10～25℃范围内。寒冷的冬季在保证温度的前提下，尽量增加通风量，以达到通风换气和降低湿度的效果。炎热的夏季里，可启动湿帘降温系统和加大通风量，以便最大限度地增加风速和降低舍温。同时，在日常管理工作中应随时观察鸡群和保证饮水系统的畅通，确保全天供给鸡群充足且良好的水质，还应保持饮水器的清洁干净。另外，饲养密度应适宜，光照不能过强等。

3. 产蛋量下降的原因及防治措施

（1）产蛋量下降的可能原因

①环境因素　光照，如突然停止光照、光照时间缩短、无规律、光照强度减弱；通风，鸡舍内通风设施差，通风不良，致使舍内氨气、二氧化碳、硫化氢等有害气体蓄积；温度与湿度，温度突然升高或下降，舍内温度过高或过低；饮用水，水质差或饮水不卫

生，供水不足。

②疾病因素　多种疾病可以引起鸡群产蛋率迅速下降，包括产蛋下降综合征、禽流感、非典型鸡新城疫、传染性支气管炎、鸡败血支原体感染、禽脑脊髓炎、传染性喉气管炎、大肠杆菌病以及球虫病等。

③饲养因素　饲料营养成分不足或配比不平衡、原料品种及营养成分的变化、劣质饲料原料等；饲料品质改变，饲料发霉，变质或放置时间过长等；供料不足、换料时间太短。

④药物因素　生产中某些药物也可导致鸡群产蛋率迅速下降。

⑤应激因素　如异常过大的声响、红色衣服的刺激、持续高温或低温、高湿或干燥、饥渴、免疫接种时捕抓、注射以及动物进入鸡舍。

（2）防治措施

①健全光照制度　应注意产蛋期间需逐渐增加到 16 小时光照，强度为 10～15 勒克斯，并应遵循产蛋阶段舍内照度均匀和维持相应照度等原则。

②改善通风系统　适度降低饲养密度。

③保证鸡舍内的最佳温度和湿度　蛋鸡产蛋的最佳温度是 25℃左右，湿度是 55％左右。

④饮用水要卫生　经常检查供水系统，及时排除供水系统障碍，保证充足的饮水。

⑤做好疾病防治　疾病是引起蛋鸡产蛋率下降的重要因素，主要以预防为主，避免引进带菌鸡、隔离或淘汰发病及康复带菌鸡；对鸡舍进行彻底的清洗消毒；切断疾病的传播途径；加强饲养管理提高鸡体的免疫力等。

⑥严格执行蛋鸡的营养标准　保证饲料营养的全价性，防止饲料霉变，不可频繁变更饲料和饲料原料。

（王健春　李文钢）

■ 专题四　　肉鸡的饲养管理 ■

加强肉鸡养殖场（户）在肉鸡养殖过程中的饲养和管理技术，科学合理提高肉鸡养殖场（户）的养殖能力，不仅可以有效地促进肉鸡的健康生长，还能够提高肉鸡养殖场（户）的经济效益。

一、肉鸡的生理特点

（1）早期生长速度快　肉鸡雏出壳体重在 40 克左右，饲养 8 周体重可达 2 800 克左右，为出壳体重的 70 倍。

（2）生产性能高　肉鸡生长迅速，饲料报酬高，饲养周期短。肉鸡在短短的 56 天，平均体重即可从 40 克左右长到 3 000 克以上，7 周间增长 70 多倍，而料肉比仅为（1.9～2.1）：1。肉鸡体重每增加 1 000 克，所消耗的配合饲料在 2 000 克以下。

（3）生长发育整齐一致　肉鸡体格发育均匀一致，出场时鸡群均匀度都在 80% 以上，商品率高。

（4）屠宰率高　肉鸡屠宰率达 90% 以上，一般胸肌率和腿肌率都在 20% 以上，屠体可食部分所占的比例大。

（5）肉鸡对环境的变化敏感　肉鸡雏所需的适宜温度要比蛋雏鸡高 1～2℃，肉鸡雏达到正常体温的时间也比蛋鸡雏晚 1 周左右。肉鸡稍大以后也不耐热，在夏季高温时节，容易因中暑而死亡。肉鸡的迅速生长，对氧气的需要量较高，如饲养早期通风换气不足，就可能增加腹水症的发病率。

（6）肉鸡的抗病能力弱　肉鸡的大部分营养都用于肌肉生长方面，抗病能力相对较弱，容易发生慢性呼吸道病、大肠杆菌病等，一旦发病还不易治好。肉鸡对疫苗的反应也不如蛋鸡敏感，常常不能获得理想的免疫效果。肉鸡的快速生长也使机体各部分负担沉重，特别是前 3 周内的快速增长，使机体内部始终处在应激状态，因而容易发生肉鸡特有的猝死症和腹水症。由于肉鸡的骨骼生长不能适应体重增长的需要，容易出现腿病。另外，由于肉鸡胸部在趴卧时长期支撑体重，如后期管理不善，常会发生胸部囊肿。

二、肉鸡的饲养管理

1. 严格执行全进全出饲养制度　全进全出就是指在一个相对独立的饲养场或鸡舍之内的所有肉鸡，应是同时引进雏鸡，采用统一免疫程序和饲养管理措施，且同时全部出栏。全部出场或出栏后，要对鸡舍环境进行彻底打扫、清洗和消毒。全进全出制主要目的在于对整体饲养环境实行彻底清扫、消毒，并对鸡舍及全部养鸡设备进行彻底消毒处理，切断传染病的流行环节，以杜绝各种疾病的循环传播和交叉感染，从而保证每批鸡的安全生产。这种群体的一致性不仅有利于群体生产性能的提高和便于饲养管理，而且有利于肉鸡的疫病防治。因为同一批肉鸡对同一传染性病原，大体上有相同的敏感性或非特异性的抵抗力，这对肉鸡群发病时及时进行诊断和防治有一定好处，更重要的是可通过免疫接种等途径使一群肉鸡保持对某种病原大体一致的抵抗力。全进全出制度可避免出现交叉感染，切断传染病流行环节，实现下一批鸡群的安全生产。因此，能充分利用鸡舍及设备，提高资金周转率和劳动生产率。

2. 选择优良品种和优质雏鸡　肉鸡的生产性能具有一定的遗传性。品种良好的肉鸡经规范化的饲养管理后能更快速生长发育，适应能力和免疫能力得到提升，存活率也相应提高。优良品种通常都具有体型较大、饲料报酬率高、生产性能优良、饲养周期短等特征。在肉鸡品种的选择上，养殖场（户）应对肉鸡品种的体型、饲料报酬率、生产性能、饲养周期等诸多方面进行考量。

此外，在引种过程中，养殖场（户）应加强个体雏鸡的选择，认真地落实每一只肉鸡的选购工作，采购时要严密注意雏鸡的生长发育情况、羽毛的光亮程度、肉鸡的活跃程度、脐部愈合状态。对患病、体弱、残疾的雏鸡不要选购或及时淘汰。

优质肉鸡雏的标准：①雏鸡应来源于健康无病的阴性种鸡群；②雏鸡应孵自 52 克或更重的种蛋；③雏鸡大小和颜色均匀，外观清洁、干燥、绒毛松而长，带有光泽；④雏鸡眼睛圆而明亮，行动机敏、健康活泼；⑤腹部柔软，卵黄吸收良好；脐部愈合良好且无感染；肛门周围绒毛不粘连成糊状；脚的皮肤光亮如蜡，不呈干燥脆弱状；⑥雏鸡无任何明显的缺陷，如斜颈、眼睛缺陷或交叉喙等。

3. 做好育雏前的准备工作　提高肉鸡的成活率，促进肉鸡健康生长发育的前提是做好育雏阶段的饲养管理工作。雏鸡出生后鸡体抗病能力差，消化器官没有完全生长发育，很容易受到多种应激因素刺激，影响鸡群正常生长，有时还会发生严重的传染性疾病，给养殖场带来较大的经济损失。因此在雏鸡进入育雏舍前，应做好鸡舍内外环境的彻底清理和消毒，做好舍内保温、饲料、药品等准备工作。在雏鸡进入前1周，提前对育雏舍和育雏设备进行全面清洗和消毒，准备好充足的料槽和水槽，使用不同的药物消毒3～5次。雏鸡进入育雏舍前1～2天，提前升高鸡舍内温度，保证育雏舍的温度达到35～37℃，相对湿度控制在50%～75%。还应准备好充足的药品和饲料，饲料主要以雏鸡阶段的全价饲料为主，也可结合雏鸡的生长发育，自行搭配饲料。

4. 做好雏鸡的开食开饮　雏鸡进入育雏舍后，应引导雏鸡尽早饮水，饮水时间越早越好。尤其是在炎热的夏季，要确保饮用水清凉、清洁。一般在开食前先进行开饮，为雏鸡提供能为其补充能量、维生素和矿物质的饮水。到达育雏舍后，先让鸡群稳定1～2小时，消除运输中的惊慌和疲劳，并让雏鸡饮用添加3%～5%葡萄糖水，温度控制为30℃左右。为降低应激刺激，也可在饮用水当中添加适量的补液盐，连续使用3～4天，能有效预防脱水，改善应激刺激。在饮水中添加药物预防肠道疾病，可降低雏鸡育雏期死亡率。

在雏鸡饮水2～3小时后，可安排雏鸡尽早开食；或发现1/3左右的雏鸡开始自行活动，即可诱导其采食雏鸡料。生产实践中发现，雏鸡越早吃到饲料，其后期肠道发育越充分。饲料选择应与雏鸡生长发育所需相符合，通过科学饮水科学饲喂，增强鸡群的抵抗能力。在添加饲料时应按照少量多次的原则添加。1～3日龄的雏鸡每天饲料投喂次数控制在 6 次。4～7 日龄的雏鸡每天控制在 5 次，之后每天饲料添加次数控制在 4 次。在添加饲料过程应密切观察雏鸡的采食情况，避免饲料投喂过多，造成雏鸡采食过量或者饲料剩余发霉变质，造成饲料浪费，引发疾病。

5. 选用全价配合颗粒饲料 优质的饲料是肉鸡健康生长发育不可缺少的条件之一，选择品质良好、适合肉鸡的饲料，并通过科学饲喂可以提高肉鸡的采食量、促进肉鸡体重的增加、加速有机物质的沉积，从而有效降低养殖成本，提高养殖场（户）的经济效益，因此，在生产实践中，需要重视肉鸡饲料的供应和饲喂。

（1）选用全价配合颗粒饲料，确保营养素的全面性和合理性。在选择肉鸡饲料时，需要综合考虑肉鸡的品种、养殖规模、养殖环境、生产厂家、饲料口碑等因素，选择高品质饲料能够为肉鸡提供丰富且配比平衡的营养物质。不可为了便宜，购买使用营养不均衡的劣质饲料。若肉鸡养殖阶段无法摄取充足的营养或营养素摄入缺乏均衡性，则其合成蛋白的能力将会下降，生长发育出现延缓、免疫力下降，严重的还会造成肉鸡发病率上升，出现一系列疾病（痛风症、软腿病等），对养殖场的经济效益造成严重影响。

（2）调整饲料配方。应依照肉鸡日龄阶段、健康水平的差异，在饲喂实践中灵活调整饲料配方。如针对肾脏肿大或尿酸盐沉积病症的肉鸡，饲料内蛋白质含量要减少 $1\%～2\%$，并增加适量维生素 A、维生素 C，起到保护黏膜及提高抗氧化能力的作用；若肉鸡肠道、呼吸道出现炎症反应时，适当增加饲料中的维生素 A 含量，可促进肉鸡受损黏膜快速修复，从而强化肉鸡的抗病能力。

另外，还要结合气候条件特征，有针对性地调整肉鸡的饲料配方，如在夏日肉鸡食欲普遍差，推荐提供一些营养含量较高的饲料，并添加适量小苏打以降低肉鸡中暑的风险。

（3）注意饲喂方式，要逐渐更换饲料。在饲喂方式上，雏鸡在 7 日龄前，可选择在料盘上进行饲喂，并且按照少喂勤添的原则，一方面可以减少饲料的浪费，另一方面可以提高雏鸡的采食量。

（4）肉鸡换料要有过渡期。在饲养过程中，由于不同阶段所需的营养不同，原料有时也有变化，换料是不可避免的。在需要换料时，不可立即进行换料，应该采用过渡式换料的方法。通常情况下0～3周龄雏鸡选择使用前期育雏饲料；3周龄后可选择使用中期育雏饲料或肉鸡饲料。若换料不当，会对肉鸡造成较大的应激。突然更换饲料，可能引起鸡的消化机能紊乱，造成消化不良、腹泻等，影响肉鸡的生长和饲料利用率。换料时，一般要经过5～7天的过渡，具体做法如下：用前一种饲料（正使用的饲料）的2/3＋后一种饲料（待更换的饲料）的1/3，用2天；前一种饲料的1/2＋后一种饲料的1/2，用2天；前一种饲料的1/3＋后一种饲料的2/3，用2天，然后全部换成后一种饲料。

（5）确保饮水供应充足。肉鸡生长过程中需要适量水分，缺水引起的不良后果明显比缺料更为严重。通常情况下，每只肉鸡的日饮水量一般在230～290毫升，肉鸡一旦缺水，进食量就会相应降低，而后导致生长迟缓。在饲养肉鸡过程中，饲养员要为其提供质量达标的饮用水，以白开水自然放凉至23℃左右为佳。

（6）合理控制体重。肉鸡养殖的宗旨是在耗用饲料量合理的情况下，生产出数量最多、与商品要求相吻合的鸡肉，在生长期至出栏期这一时段内，饲养管理的侧重点是有效控制肉鸡体重。通常针对21～25日龄体重大于2.5千克的肉鸡，可以适度控制其采食量、限制光照时长。

（7）做好雏鸡的断喙。对肉鸡雏及时断喙可减少啄癖现象，一般在雏鸡出生6天后即可进行断喙。断喙的原则是上喙切除50％，下喙切除30％，要确保上喙比下喙长。同时，要在断喙与鼻孔之间预留适宜的距离。断喙前后1～2天，可在饮水中添加维生素K，也可饲喂抗生素，以免由于断喙而出现应激反应，并使伤口快速愈合。

6. 控制饲养密度　随着日龄的增加，要适时扩群，降低饲养密度。合理的养殖密度对雏鸡健壮生长有最直接的影响，通常雏鸡的饲养面积为成年鸡的1/4～1/3，每平方米养殖30～40羽，并随着雏鸡日龄的增加，调控好养殖密度。由于公母鸡的生理基础不同，对生活条件的要求不一样。公鸡增重快，个体强壮，竞食能力、争斗性较强，同时对蛋白质和赖氨酸等的利用率也较高，饲料效率高；而母鸡由于内分泌激素方面的差异，对能量的利用率高，沉积脂肪的能力强，因而增重慢，饲料效率差。因此，育雏结束后一般在第 4 周，要进行公母分栏饲喂。及时挑选、淘汰病弱残鸡以及生长速度慢的个体，并进行大小分群饲养，以提高群体的均匀度。

7. 创造适宜的舍内环境条件　现代养鸡生产体系中，鸡品种的优良遗传性能不断被强化，品种的更新换代速率加快；而其对小气候环境变化的要求越来越高。肉鸡饲养过程中，不仅需要采用科学合理的饲养方式，还需要为肉鸡营造良好的饲养环境，有助于提高肉鸡成活率。

（1）严格控制舍内温度　雏鸡阶段身体抵抗能力较差，对外界温度的变化敏感，因此需做好舍内温度控制工作，这对提高育雏成活率有很大帮助。通常 1～3 日龄的雏鸡，舍内温度控制为 35～37℃，4～13 日龄的雏鸡，舍内温度控制为 32～34℃，随着鸡日龄的生长，每周下降 2℃左右，直到舍内温度控制为 20～24℃。在温度控制中，应密切观察鸡群的采食、饮水情况，如果发现挤在一起取暖，饮水量显著下降，采食量降低，则表示舍内温度较低，需要提高舍内温度。如果雏鸡张嘴呼吸，饮水欲望显著增加，鸡群沿墙分布，远离热源，双翅张开，则表示育雏舍的温度过高，应及时下降舍内温度。

育雏阶段利用笼养肉鸡方式采取较为高的温度育雏，在这种情况下饲养员需要把雏鸡的舍内温度控制在 33℃左右，不能偏高也不能降低。在育雏期阶段的雏鸡本身调节温度能力相对弱，饲养员一定要非常细心地观察温度，使在 7 日内达到舍内的温度平衡。如果未及时察觉到舍内温度异常会直接导致雏鸡在育雏期间的抵抗力和免疫力变得低下。

随时检查调整温度，记录每天的最高最低温度。肉鸡舍的温度要求见表 3-30。

表 3-30　肉鸡舍的温度（鸡背温度）要求

时间	鸡背温度（℃）
1～2 日龄	34℃（冬季 36℃）
5～7 日龄	33℃
3～4 日龄	32℃
2 周	31～29℃
3 周	28～26℃
4 周	25～22℃
5 周以后	21～18℃

注：垫料平养参考温度，网上平养可在此基础上降低 2℃。

①舍内温度低于标准时

A. 用煤炉（火炕等）供热。提前检查调试，防止漏烟，消除火灾隐患，防止煤气中毒。

B. 密封鸡舍门窗，冬季育雏舍北窗内外钉双层塑料膜，育雏期舍内用塑料膜横隔成育雏室。用塑料大棚做成鸡舍的饲养户，在寒冷季节，大棚背面用玉米秸做成"风帐子"挡住北风，夜间可把玉米秸直接盖在大棚北面的膜上。棚两边塑料膜要埋在土里，以防止被风吹起。

C. 扩群时，若温度不够，可先将扩出部分用塑料薄膜隔好，并生煤炉预温，达到标准温度后再扩群。

D. 雏鸡到场前 12 小时育雏室温度提高到 34℃，冬春季提高到 36℃。

②舍内温度高于标准时

A. 适当打开门窗，加强通风换气，供足清凉、洁净、卫生的饮水。

B. 炎热季节增加带鸡消毒次数（免疫前后只用清水喷雾）。

C. 网上平养的鸡舍可清粪后用清水冲洗地面，地面平养的鸡舍可添加新鲜的凉沙，揭起四周塑料布，利用扫地风和"凉亭效应"降温。

D. 温度的控制主要根据鸡群里热源的距离及活动和分布的情况来判定，要经常检查鸡的活动情况，调整舍内温度达到最佳，使鸡均匀分布。

E. 温度控制和采食量直接相关。舍温过高，采食量减少，增重变缓。5周龄以后舍内温度不超过25℃，每升高1℃，采食量减少5克；每降低1℃，采食量增加5克。

③注意事项

A. 育雏第一周保持舍内相对恒温特别重要。寒冷季节由于接鸡、免疫等操作，开门频繁，易造成局部降温，因此接鸡前舍温应提高到36℃。

B. 第二周开始每周降3℃，5周后保持在21℃左右可获得最佳增重和料肉比。

C. 免疫当天和以后的3天内，舍内温度应提高2～3℃。此时鸡的抵抗力弱，易继发呼吸道疾病和大肠杆菌病。夜间应比白天提高1～2℃，最好有人巡查、维护。

D. 脱温应该逐渐过渡完成，遇到阴天适当推迟。

（2）**注意控制湿度**　湿度过高，肉鸡呼吸道疾病的发生率会显著增加；湿度过低，肉鸡饮水量会显著增加。通常情况下，雏鸡按照65％左右的标准控制育雏室湿度。30～41日龄的肉鸡可按照40％～80％的标准控制湿度。若湿度过低，养殖场（户）可使用空中喷雾、地面洒水等措施，提高育雏室湿度。

肉鸡雏对鸡舍内的水分要求比较高，需要较高的湿度，因为刚入舍的雏鸡在运输过程中已经失掉一部分水分，入舍后舍内湿度低，容易引起脚垫裂开，腿病增多。通常情况下育雏期鸡舍内的湿度应当保持在60％～65％。增加鸡舍内的湿度可以通过以下办法：一是在鸡舍内摆放多个盛水的盆子，通过蒸发水分从而增加鸡舍内的空气湿度；二是通过定期的消毒液消毒来增加空气湿度。但需要特别注意的是，一般不采用直接向地面洒水或者直接安装喷头向鸡舍内喷水的方式来增加鸡舍内的湿度，因为直接洒水或喷水的方式在提高湿度的同时也大大提高了细菌、真菌的衍生速度，增加了雏鸡感染病菌的可能性。

中后期（3周龄至出栏）应保持较低湿度，因为湿度过高，微生物容易滋生，鸡粪产生氨气增加，不利于饲料的保存和呼吸道疾病、大肠杆菌病等的控制。湿度高于标准时，要保持通风良好、及时排潮气；加强饮水管理，防止漏水；每天按时清粪，保持地面干燥（网上平养）；如采用地面平养，经常翻垫料，清除结块，必要时更新部分垫料；使用有效的药物预防消化道疾病，防止腹泻；冬季注意保温，尤其是防止夜间的低温高湿。鸡舍湿度参考标准见表3-31。

表3-31　肉鸡舍湿度要求

周龄	舍内相对湿度（%）
1	70
2～3	65～70
4～5	60～65
≥6	55～60

（3）加强通风换气　雏鸡阶段由于养殖密度较大，鸡群活动范围较小，每天排放的粪便较多，如果不能定期做好通风换气工作，鸡舍中的空气质量会显著下降，造成有毒有害气体积累。有毒有害气体会对雏鸡的呼吸道黏膜造成严重损伤，易引发呼吸系统疾病，因此在育雏阶段一定要做好鸡舍的通风换气工作。不同季节通风换气方法存在一定差异。

日常通风方式有自然通风、机械通风和混合通风几种。以自然通风为例，一般开放式鸡舍均采用自然通风。在采用自然通风时鸡舍跨度宜小不宜大，以6～7米/秒为宜，最大不超过8米/秒。自然通风鸡舍窗户的设置应尽量多一些，间距小一些。地面以上可增设进气孔，屋顶设排气孔，跨度小的鸡舍设一排即可，排气孔最好没有翻板，可开可闭，这样通过鸡舍两侧壁相对敞开的窗口和下排气孔形成上下两条通风带，形成"过堂风"和"扫地风"，再加上屋顶排气孔的"烟囱效应"增强通风能力。利用自然通风的鸡舍应根据外界气候情况搞好门窗和排气孔的启闭，防止风速过大或者温度过低造成应激。

①通风换气的要求 1～3周龄通风换气的要求是以保温为主，适当通风，无烟雾、粉尘；4周龄至出栏，通风换气为主，保持适宜温度。

②控制方法 育雏头3天，育雏室封闭，此后可打开顶部通气孔；夏秋季根据外界气温适当打开通气窗，但要防止冷空气直接吹在雏鸡上，或用排风扇或吊扇等设备辅助通风换气；寒冷天气通风前先提高舍温2～3℃，可利用中下午外界气温高时适当打开阳面的窗户（或塑料布）。

③注意事项 育雏初期要管理好煤炉，严防一氧化碳（煤气）中毒；随着肉鸡体重的逐渐增加，换气量要随之加大；防止贼风侵袭。

（4）做好光照管理 肉鸡需要光照是为了延长肉鸡的采食时间，促进生长。应结合肉鸡品种与养殖生产实况，合理设定鸡舍内光照强度。为规避因突然停电使鸡舍瞬间黑暗而出现炸群情况，在肉鸡饲养管理阶段，可以选定适宜时间段停电几次，使肉鸡慢慢适应突然停电周边环境的黑暗状态。光线不可过强，只要鸡能走动、吃料和饮水即可。

①光照时间 见表3-32。

②光照强度 鸡舍内每20米^{2}面积上安装一个灯泡，高度为距垫料或棚架2米，灯距3～4米，配有灯罩，经常检查，擦拭灯泡，发现损坏，及时更新。1～5日龄，每平方米2瓦（安装40瓦灯泡）；6日龄至出栏，每平方米2瓦（安装15瓦灯泡）；灯泡要分布均匀以免造成光线过强，引起啄癖。

表3-32 光照时间控制参数（供参考）

日龄（天）	屠宰重低于2.1千克		屠宰重高于2.1千克	
	光照（小时）	非光照（小时）	光照（小时）	非光照（小时）
1～3	24	0	24	0
4～7	18	6	18	6

（续）

日龄（天）	屠宰重低于2.1千克		屠宰重高于2.1千克	
	光照（小时）	非光照（小时）	光照（小时）	非光照（小时）
8～14	14	10	12	12
15～21	16	8	14	10
22～28	18	6	16	8
29～35	22	2	18	6
36～42	22	2	20	4
≥43	22	2	22	2

注：若雏鸡体重过小，可延长光照时间1～2天。自然鸡舍要根据季节不同有所调节，尤其在高温天气，白天肉鸡食欲差，夜间凉爽应开灯进食，以保证生长速度。

8. 做好消毒、免疫工作

（1）做好舍内外的环境卫生消毒　养殖管理中应定期进行卫生消毒，鸡舍内部环境可选择使用酸类消毒剂、醛类消毒剂或者卤族类消毒剂进行喷洒消毒。每个批次的鸡出栏之后，都应对鸡舍进行全面彻底的清理和卫生消毒，选择使用福尔马林和高锰酸钾混合后熏蒸消毒。鸡舍的周围环境也需要进行定期的消毒，每间隔2～3周，选择使用氢氧化钠溶液进行1次喷雾消毒。在养殖场内部还应配置完善的污染物处置设施，及时清理圈舍中的粪便污染物，清理的污染物需进行无害化处理。在带鸡消毒中，应注重选择的消毒剂不会对鸡的呼吸系统和身体造成刺激，选择0.1%次氯酸钠或0.3%过氧乙酸进行消毒。带鸡消毒时，将消毒时间设定在10：00—15：00为宜。

（2）科学进行免疫接种　肉鸡养殖管理中，应严格落实防疫措施，科学进行疫苗免疫接种，有效防范疫病的发生流行。在疫苗免疫接种前，要调查常见疾病的流行病学，在此基础上制订针对性的免疫程序，并严格执行。免疫接种前，应详细检查疫苗的有效期、状态、生产企业、生产批号，并认真做好记录，免疫接种后观察鸡群的反应，一旦发现副反应，应立即采取措施进行抢救，降低死亡率。

　　在防疫工作准备阶段，工作人员应按照肉鸡免疫程序，根据肉鸡生长情况，给肉鸡使用正规合格的疫苗。雏鸡在 1 日龄时选用新支二联弱毒疫苗，剂量为每羽 1～1.5 头份，免疫方法为滴鼻和滴眼；雏鸡在 1～3 日龄时，可选用新支流三联油苗，剂量为每羽 0.3 毫升，免疫方法为颈部皮下注射；雏鸡在 12 日龄时，选用法氏囊病冻干苗饮水，剂量为每羽 2 头份；20 日龄可选用新支二联弱毒苗，剂量为每羽 2 头份，免疫方法为滴鼻和滴眼；同时肌内注射禽流感油苗，剂量为每羽 0.5 毫升，免疫方法为颈部皮下注射；在 35 日龄时，选用新城疫Ⅳ系苗，剂量为每羽 2 头份，免疫方法为饮水。以上程序仅供参考，具体免疫程序应根据肉鸡品种、饲养日龄、母源抗体水平和当地疾病流行情况等因素综合制定。

　　工作人员按照防疫工作要求做好接种疫苗的同时，还应做好以下工作：①采用饮水免疫方法时，应在疫苗注射前的 2～3 小时内停止给雏鸡饮水，如果是在冬季，时间为 3～4 小时；为了获得更均匀的免疫效果，还可采用两次饮水进行免疫，具体操作为第一次饮水后先给予一半的疫苗饮水，饮水后再给另一半疫苗饮水。采用饮水免疫方法，要求使用的水质内不含氯消毒剂等，同时为保护疫苗，可向饮水中加入浓度为 2% 的脱脂奶粉，并保证疫苗在 1.5 小时内饮用完毕。②如未出现特殊情况，不应使用强毒性疫苗。在注射疫苗时，应更换注射针头，实际操作中每 500 羽鸡更换一个针头，可有效防止疾病交叉感染。为防止雏鸡注射后出现较为强烈的应激反应，可在疫苗注射的前一天和后一天，将维生素或免疫增效剂加入饮水。

　　（3）及时进行诊断治疗　肉鸡的抗病能力相对较弱，在其生长发育阶段易受到外界多种病原的侵入，引发一系列疾病，其中呼吸系统疾病、消化道疾病是最常见的。在发病初期，一般症状较轻，此时要及时诊断和治疗，采取正确的治疗方法。有条件可以委托相关实验室进行细菌分离鉴定和药敏试验，明确具体的致病原，筛选敏感药物，以制订具有针对性的合理的治疗方案。结合临床症状和实验室诊断，通过利用"抗生素＋抗病毒"等进行对症治疗，同时联合使用电解多维、黄芪多糖等提高鸡体的免疫力，从而更好地控制疾病，降低死亡率。

9. 适时出栏 可根据肉鸡饲养品种、市场行情和资金周转等情况适时出栏。一般快速型肉鸡品种 60～70 日龄出栏，中速型品种 80～100 日龄出栏，慢速型品种 120～150 日龄出栏。

肉鸡出栏前 6～8 小时停止供给饲料，保证有充足的饮用水供给。出栏中应尽量减少对肉鸡造成的刺激。抓鸡、装笼、搬运、装卸等动作要轻，以防挤压和碰伤。在抓鸡中严禁粗暴对待，避免翅膀受伤。夏季避免中午高温时段抓鸡和运鸡。车辆运输中应缩短运输距离，减少颠簸和停车次数。冬季运输应做好防温保暖措施，注意挡风，雨雪天气车顶要进行遮盖，以免鸡冻伤。夏秋季节运输过程中应减少叠笼层数，注意做好通风换气和防暑降温。

10. 减少应激 造成应激刺激的因素主要包括环境因素、管理因素、疾病因素和常规因素。环境因素，如温度、湿度、寒冷、噪音、光照等，其中温度因素最为常见、剧烈，危害最为严重。舍内温度超过 35～38℃，可导致鸡呼吸加快、采食降低等，严重的甚至导致死亡。管理因素，包括通风、养殖密度、饲料配比、饲料品质、断水断料等，这些都是人为因素。常规因素，包括日常管理必须要进行的环节，如免疫接种、转群、捕抓等，如日常管理稍加注意，可有效减缓这些应激因素。

（1）加强饲养管理 饲喂的日粮配比要切合不同日龄阶段的营养需求，确保供给饲料营养、全价。更换饲料不要太突然，采用渐进式，避免影响鸡的健康生长；合理组织通风换气，严格控制舍内温度和湿度，为肉鸡营造一个良好的养殖环境；每栋鸡舍必须配置专人管理，严禁外来人员随意进出鸡舍，饲养管理人员必须要穿工作服，捕捉、供水等工作必须轻手轻脚，减少各种应激；日常供水、供料必须要定时、定量，保持舍内环境清洁卫生，减少各种有害气体对鸡群的侵害。

（2）做好应激应对准备 生产及环境变化带来的应激，是可以提前预防的。例如，在鸡群免疫注射过程中，提前在饮水和饲料中添加维生素 C、维生素 E、B 族维生素、多解电解质等，可有效起到预防的作用；高温时节来临，适量提高饲料中蛋白质、能量、维生素含量，同时供给清洁的饮水。也可以借助机械进行通风换气，为鸡群创造一个良好的养殖环境。

（3）改善生产工艺　制定科学的饲养管理和免疫程序、消毒程序。尽量避免不必要的应激，确实难以避免的常规应激因素应尽量降低应激强度。例如，断喙、转群和免疫注射不要同时进行，尽量分步实施。

11. 做好不同阶段的疾病防治，提高成活率　肉鸡生长速度快、饲养周期短，其生长的特殊性也带来许多与蛋鸡饲养管理、疾病控制的不同点，因此在肉鸡养殖中要根据不同饲养阶段，抓住防病重点，采取相应的防治措施。

（1）饲养前期（0～15 日龄）　肉鸡饲养前期的死亡率通常稍高，一般在 1%～3%，约占全期死亡总数的 30%。主要原因多数是由于种鸡带菌，造成垂直传播；或由于孵化厅环境条件差，消毒不严格，造成细菌污染。这个阶段要做好以下疾病控制重点工作：

①从基础设施好、饲养管理水平高的种鸡场购进合格的雏鸡。

②注意控制舍内环境温度，减少因育雏温度或高或低引起鸡体代谢紊乱、免疫力抑制等因素而造成的死亡。

③改善育雏设施，改用暖风炉取暖，保持适宜的、相对稳定的温湿度。

④加强预防用药。在 1～5 日龄雏鸡饮水中添加葡萄糖、电解多维等，以提高雏鸡抗病力。

⑤加强消毒。中午时，可用刺激性小、低毒的消毒药品带鸡消毒，减少疾病传播。

（2）饲养中期（15～40 日龄）　肉鸡饲养中期的主要发病原因是鸡舍垫料潮湿，特别是在寒冷冬季和阴雨季节，球虫虫卵容易繁殖；或因饲养密度大、免疫接种、分群等应激因素，对鸡群惊扰频繁；不注重环境消毒，药物使用不合理，极易造成鸡体抵抗力下降而发病等。这个阶段要做好以下疾病控制重点工作：

①注意控制日粮，减少肉鸡腹水综合征的发生率。对生长速度太快的肉鸡应在3周龄前进行限饲。

②注意控制球虫病。选择几种作用方式不同的药物交替使用预防球虫病，注意球虫的耐药性。尽量采用网上平养，使鸡与粪便分开，减少感染机会。

③注意控制舍内湿度，保持垫料干燥，加强对环境和鸡群消毒。

④改善饲养条件，降低饲养密度。在保证舍内温度的前提下，加大通风量。

⑤加强大肠杆菌病的防治。对大肠杆菌病用药时，要选择高敏药物，剂量要准，疗程要足，切忌试探性用药，以免延误最佳治疗时期，造成不应有的损失。预防上主要是加强环境卫生和消毒工作，切断传播途径，加强通风，清除有害气体。

⑥做好传染性法氏囊病的免疫接种。

（3）饲养后期（40日龄到出栏）　肉鸡饲养后期的主要发病原因多是由于疫苗选择不当、免疫间隔时间过长、免疫方法不合理等。特别是在鸡群免疫抗体水平下降后，鸡对病毒的抵抗力降低，发生病毒病之后极易诱发大肠杆菌病，造成鸡的大量死亡。主要防治要点如下：

①加强抗体水平监测。对新城疫抗体水平不高、均匀度差的要进行紧急接种。在使用Ⅳ系苗的同时，可注射一次新城疫油乳剂灭活苗，对提高鸡新城疫抗体水平、保持较好的均匀度很有意义。

②改变免疫方法。鸡的消化道、呼吸道均易感染新城疫病毒。使用滴鼻点眼法进行新城疫免疫，可同时刺激鸡的消化道、呼吸道，产生坚强的抵抗力。

③发生疫病时，应迅速进行紧急接种；并发大肠杆菌病时，可在饲料中加入敏感的非禁用抗菌药物等配合治疗。

④改善鸡舍环境，增加通风量，勤消毒，用2～3种消毒药交替使用，注意免疫前后2天不宜进行环境消毒。

12. 提高肉鸡商品等级的关键措施　肉鸡由于捕捉、装笼、运输等多种原因，常常会引起碰伤、裂伤、刀伤以及骨折等情况的发生，使商品等级降低，从而影响经济效益。因此，为保证肉鸡产品适销对路，提高商品等级档次，增加经济效益，应采取一些有效的技术措施。

（1）减少外伤　造成外伤的原因很多，如饲养密度过大，生长空间拥挤，捕捉和装运中粗暴、野蛮的操作，都容易造成外伤。防止外伤的发生应注意以下几点：

①控制合理的饲养密度，垫料尽量稍厚些，保证笼底或网面的平整且无尘、无硬物；采用笼养或网上饲养的，要加一层有弹性的塑料网垫，以减少胸囊肿的发生，同时减少肉鸡伏卧时间，避免胸部受压时间太长。

②减少捕捉次数。要用栅栏小心围捕，尽量减少捕捉次数和强度。断喙和疫苗接种时须在饲料中添加抗生素和维生素，以减少应激因素的刺激。免疫接种的时间最好在天黑后或天亮前，采用淡蓝色或红色灯光照明捕鸡，不要惊动鸡群，防止炸群。

③运鸡要用专用鸡笼。装鸡的笼底应铺垫软草或草垫子，笼网或箱体上不要留有钩、刺，以防刺伤鸡的体表。运输途中要细心管理，小心慢行，减轻振荡和摇晃。装卸车时，应小心装上抬下，防止向一侧倾斜或颠倒。

（2）保证商品肉鸡的色泽　不同的地区不同的人对肉鸡颜色喜爱不一。为达到销售地区对商品肉鸡外观颜色的要求，可以采取以下几点措施：

①尽量不养杂毛鸡，如黑毛鸡、青黑喙鸡、青黑脚鸡。

②在肉鸡的饲养后期，饲喂黄玉米或添加黄色素饲料，可以使肉鸡胴体皮肤外观呈黄色。

③出栏抓鸡、运输途中、屠宰时都要注意防止碰撞、挤压，以免造成血管破裂，影响商品肉鸡的外观色泽。

（3）采取措施预防和降低应激因素造成的不良后果　应激造成的危害既有单一的，也有综合的，各种不同的应激源可引起鸡的全身性适应综合征，严重影响商品肉鸡的质量。缓解和调整应激因素重点是在环境、管理、卫生等方面做工作。

（4）尽早出栏，保证肉品质量　肉鸡达到上市体重的饲养期越短，耗料就越少，经济效益也就越好，而且肉质随着日龄的增长，其细嫩、多汁的程度也将变差。因此，从提高肉质的角度考虑，只要达到上市体重，饲养周期越短越好。另外，屠宰前 10 天左右，应停止或少饲喂能影响鸡肉味道的药物及有鱼粉的饲料。对于药残问题也必须高度重视，要严格控制抗生素的使用，不能滥用，更要遵守休药期规定。

（王犇　尹久阳）

模块四　鸡病的综合防治

鸡病综合防治应坚持以防为主，防在于治的原则，从预防着手，认真做好疫病的综合防治工作，主要包括如下内容：一是实行全进全出制饲养，要做好隔离；二是通过加强饲养管理，定期进行消毒以减少养殖环境中存在的各种致病因子，从而减少发病；三是要通过科学的免疫接种预防传染病的发生；四是通过药物来减少和消灭寄生虫病及控制某些细菌性疾病的发生；五是要通过加强健康监测，及时掌握和了解鸡群的健康状况和免疫效果，以便尽早发现问题，采取措施，确保鸡群的健康。

■ 专题一　实行全进全出制　做好隔离 ■

一、实行全进全出制

全进全出制就是同一栋舍内或同一场内只进同一批雏鸡，饲养同一品种同一日龄鸡，采用统一的饲料、统一的免疫程序、统一的药物预防措施、统一的消毒和管理措施，且同时全部出舍或出场，空舍后进行彻底的清洗消毒，经过一段时间空舍后再进行下一批饲养。采用全进全出饲养方式能够有效地消灭舍内的病原体，切断病原的循环感染，同时也便于管理技术和防疫措施的统一，可有效提高鸡舍的利用率和劳动效率。

二、做好隔离

新引进的鸡将疾病带进场内，是鸡场发生疫病的重要原因

（表 4-1）之一。因此，必须避免从发病鸡场或疫情不明的鸡场引进鸡雏或后备鸡。应避免在同一个场内饲养不同品种的鸡，而只可引进健康无病的种蛋或种雏。隔离是采取措施使病鸡及可疑病鸡不能与健康鸡接触。同群的鸡接触密切，病原体很容易通过空气、饲料、饮水、粪便、用具等迅速传播。隔离的基本程序见图 4-1。

表 4-1 鸡场疾病的来源及其控制措施

类别	主要来源	控制措施
人员	包括饲养人员、邻居、饲料或兽药等销售人员、参观者等；主要是通过人手、衣服和鞋粘上病原体；使用污染的设备；与邻居之间相互走访	鸡场和鸡舍出入口应设置消毒通道和消毒池；谢绝一切参观；所有人员在进出场时都要执行消毒制度；不同鸡舍的饲养员不得串舍；接触可疑病鸡后要及时洗手、消毒、更换鞋子和工作服；参加断喙、转群、免疫接种等工作人员，在工作前后一定要严格消毒
健康带菌（毒）鸡	外表貌似健康的鸡，其体内可能携带病原体，并可通过呼吸道或消化道等途径向外排毒	隔离饲养；积极开展治疗；严格加强消毒
恢复病鸡	有的疾病通过治疗能够康复，但能长期带菌、排菌、污染周围环境，威胁其他鸡；常发生于多日龄组鸡群和混合品种鸡群	实行全进全出制，即一场饲养同一批的鸡；确因生产需要时，要分开、分工饲养
饲料	最常见、易忽视、难控制的传染来源，因原料、生产加工、包装袋、运输贮存等环节而发生污染；有些饲料成分可能含有病原体，如肉骨粉、鱼粉中可能含有沙门氏菌等	加强饲料外包装的消毒；使用植物蛋白成分，添加某些人工合成必需氨基酸的无鱼粉饲料；避免重复使用饲料包装袋；使用高温制粒工艺制作的颗粒饲料
新引进雏鸡、后备鸡	垂直传播的疾病，如白血病、减蛋综合征等；由于蛋壳表面污染粪便、污物，病原随机而入	从合格种鸡场引进雏鸡；引进后备鸡之前仔细进行检查，必要时采样检测；加强饲养管理，及时发现病鸡，尽早采取隔离和治疗措施

（续）

类别	主要来源	控制措施
车辆、设备和器具	车辆、设备和器具可能携带病原体，易忽视消毒措施的设备有：断喙器、连续注射器、疫苗保温箱、运输车辆等	鸡场大门口应设置车辆消毒池；加强进出入车辆的消毒；各种设备和器具在进入鸡场或鸡舍之前一定要进行消毒；使用后的器具要立即进行消毒或无害化处理
其他多种原因	包括啮齿动物、野禽、昆虫等；犬和猫等动物可能携带巴氏杆菌、某些寄生虫等；鼠排泄物污染了饲料，使鸡场不断发生沙门氏菌病	要注意灭鼠、防鸟；注意杀灭昆虫、甲壳虫；鸡场要及时清扫、消毒，喷洒杀虫剂

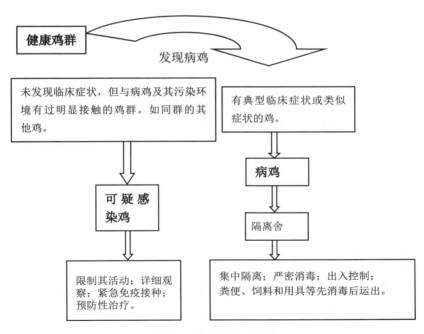

图 4-1　隔离的基本程序

（1）隔离应以鸡群或鸡舍为单位，把已经发生传染病的鸡群内所有鸡视为病鸡及可疑病鸡，不得再与健康鸡接触。

（2）在不易散播病原体、消毒方便的空舍中隔离。

（3）隔离期间应加强管理、精心管护，密切注意观察和监测，严禁无关人员出入隔离舍。

（4）对病鸡及可疑病鸡应加强饲养管理，及时投药治疗或进行紧急免疫接种。

（5）隔离舍废弃物应单独进行严格的消毒和无害化处理。粪便消毒后运到指定地点堆积发酵。

（6）对隔离治疗痊愈后的病鸡，观察一个潜伏期未新出现症状且经过严格消毒后转入正常饲养。

（7）隔离区内可能被污染的一切场所、用具、饲料等，应随时进行消毒。

（8）病鸡终止隔离后，应对场地和用具进行彻底地终末消毒。

（尹春博）

■ 专题二　　加强消毒 ■

消毒可以杀灭或清除外界环境中病原体，切断传播途径，可以防止外来病原体传入鸡场内，也可以预防和控制传染病在鸡场内的发生和蔓延扩散，因此是鸡场防疫的主要措施之一。

一、鸡舍空舍后的消毒方法

1. 冲洗前的准备

（1）将鸡舍内围栏、料盘、饮水器和设备等移到舍外，用消毒剂进行浸泡。

（2）将鸡舍内残留的鸡粪、鸡毛、灰尘等进行彻底清扫。

（3）将鸡舍周围的杂草铲除干净。

（4）鸡舍内断电，将鸡舍内灯泡卸下，灯口包扎防水；相关电气设备用塑料纸、胶带进行密封包扎，防止冲洗过程中进水。

（5）将水线拆开准备冲洗。

2. 鸡舍的冲洗

（1）检查高压清洗机，准备好配套的水管、枪管和枪头，检查水量是否充足。

（2）在对鸡舍进行彻底清扫后进行第一次消毒，使用高压清洗机喷洒2％火碱，对天花板、地面、墙壁以及舍内相关设备进行消毒。

（3）消毒30分钟之后，再用高压清洗机进行冲洗。顺序按照从上到下、从里到外的原则，即先屋顶、屋梁钢架，再墙壁，最后地面。务必做到冲洗仔细、干净、不留死角。

（4）冲洗屋顶等高处时要踩着架子，每根角铁、钢丝绳、吊绳都要仔细冲洗，要从一个方向直接冲洗到另一个方向。

（5）冲洗风机时，要从里向外冲洗，连同风筒、防护网一起冲洗干净。冲洗进风口时要由舍内向外冲洗，不要向里冲。

（6）冲洗每段水线内部时要从一侧开始冲洗，干净之后再从另一侧冲洗，即两侧均要高压冲洗；冲洗水线、料线外侧时两侧均要冲洗。

（7）冲洗过程随时检查冲洗质量，做到所有设备、墙角、进风口、地面等处无鸡毛、无鸡粪、无灰尘、无蜘蛛网、无污染物。

（8）在鸡舍彻底冲洗完成之后进行第二次喷洒消毒，使用2％火碱或0.5％季铵盐类、碘制剂等对鸡舍内环境和设备进行消毒。

3. 设备的冲洗消毒

（1）料盘、饮水器、围栏等用消毒液进行浸泡消毒后，刷洗干净、晾干。

（2）相关设备要冲洗干净后再用消毒液进行浸泡或擦拭消毒。

（3）料线要将内部残余饲料清理干净，再将表面冲洗干净。

4. 水线的清洗消毒

（1）选择清洗消毒剂 选择能有效溶解水线内生物膜或黏液的清洗消毒剂。最佳产品是35％双氧水溶液。在使用高浓度清洗消毒剂之前，应确保排气管工作正常，以便能释放管线中积聚的气体。

（2）配制清洗消毒液　为了取得最佳效果，应按照消毒剂标签上建议的上限浓度。可在大水箱内配制清洗消毒液，不经过加药器、直接灌注水线。灌注长 30 米、直径 20 毫米的水线，需要30～38 升的消毒液。

（3）清洗消毒水线　水线末端应设有排水口，以便在完全清洗后开启排水口、彻底排出清洗消毒液。水线消毒程序：

①打开水线，彻底排出管线中的水。

②用消毒液灌入水线。

③观察从排水口流出的溶液是否具有消毒液的特征，如带有泡沫。

④一旦水线充满消毒液，关闭排水口阀门；将消毒液保留在管线内 24 小时以上。

⑤保留一段时间后，进行水线的冲洗。冲洗用水中应加入消毒液，浓度与鸡日常饮水中的浓度相同。

⑥水线经清洗消毒和冲洗后，流入的水源应当新鲜、洁净。

5. 鸡舍的彻底熏蒸消毒　在全部设备就位、准备进鸡之前进行，使用甲醛对鸡舍进行一次彻底的熏蒸消毒（第三次消毒）。具体操作方法是：

（1）计算消毒药品的用量　首先按鸡舍的长度（米）×宽度（米）×高度（米）＝鸡舍总空间（立方米）的方式计算需要消毒的总空间量，然后用总立方米数×28 毫升＝需要使用的福尔马林用量（毫升），再用总立方米数×14 克＝需要使用的高锰酸钾用量（克）。

（2）准备消毒药品并进行分装　按照上述计算结果，准备整个鸡舍消毒所需要的消毒药品，即福尔马林和高锰酸钾。刚发生过疫病的鸡舍，需要用 3 倍的消毒浓度。

（3）盛放福尔马林和高锰酸钾的容器体积要尽可能大一些，一般不能小于福尔马林容积的 4 倍，并最好是耐腐蚀、耐热的陶瓷或搪瓷容器。按照计划设置消毒容器数量，将消毒容器均匀摆放在鸡舍内的不同位置，将福尔马林和高锰酸钾平均分装到不同器皿中密封后，放在容器旁边。

（4）确保鸡舍环境适宜　进行熏蒸消毒时，要求鸡舍内的温度不低于18℃、相对湿度在60％以上。

（5）熏蒸消毒之前，先要对鸡舍的所有门窗、墙壁及其缝隙等进行密封。鸡舍的所有门窗、墙壁及其缝隙等可以用塑料薄膜或胶带进行密封。

（6）最好安排与消毒容器数量相等的工作人员（分别站在消毒容器旁边），消毒人员戴好防毒面具后，首先将高锰酸钾倒入消毒容器内，然后先让距离鸡舍门口最远的工作人员将福尔马林全部倒入盛有高锰酸钾的消毒容器内，迅速撤离，其他工作人员也依次照样操作，直至最后1名工作人员撤离到鸡舍门口后，把鸡舍门关严并进行密封。

（7）密闭消毒2～3天后，打开门窗和通风设备进行通风换气2天以上，排净其中的甲醛气体。如果急需使用，先按每立方米空间使用碳酸氢铵5克、生石灰10克、75℃热水10毫升的标准，将它们放入消毒容器内混合均匀，用其产生的氨气中和甲醛气体30分钟，最后打开鸡舍门窗通风换气30～60分钟。

（8）注意事项

①用于熏蒸消毒的福尔马林浓度不得低于35％；与高锰酸钾的混合比例要求达到2∶1，福尔马林和高锰酸钾的混合比例是否合适，可根据其反应结束后的残渣颜色和干湿程度进行判断：若是一些微湿的褐色粉末，说明比例合适；若呈紫色，说明高锰酸钾用量过大；若太湿，说明福尔马林用量过大。

②消毒容器应均匀地置于鸡舍内，且尽量离舍门口近一些，以便使甲醛气体能够更好地弥漫于整个鸡舍空间并有利于工作人员操作结束后迅速撤离。

③操作时，工作人员应先将高锰酸钾放入消毒容器内，然后按比例倒入福尔马林，绝对禁止向福尔马林中放入高锰酸钾。

④甲醛气体的穿透能力弱，只有表面消毒作用。故进行熏蒸消毒之前，先要对鸡舍地面、墙壁和天花板等处的粪便、灰尘、蜘蛛

网、饲料残渣等杂物进行彻底清扫，然后用高压喷雾式水枪对其进行冲洗，以便使甲醛气体能够和病原微生物充分接触。

6. 清理鸡舍周围环境

（1）将鸡舍周围残留的鸡粪、鸡毛、杂物等进行彻底清理。

（2）将鸡舍周围 3 米的杂草清除干净。

（3）对鸡舍外环境、道路等使用 2% 火碱进行喷洒消毒。

二、带鸡消毒方法

（1）先清扫污物，包括鸡笼、地面、墙壁等处的鸡粪、羽毛、污垢及房顶、墙角蜘蛛网和舍内的灰尘。

（2）配制消毒液。常用的带鸡消毒剂有 0.1%～0.25% 过氧乙酸、0.1%～0.15% 新洁尔灭、200 毫克/升三氯异氰尿酸钠、0.5% 百毒杀等。消毒液用量可按每立方米空间 20～50 毫升计算，也可按每平方米地面用 60～180 毫升。最好每 2～3 周更换一种消毒药。

（3）关闭门窗，提高舍温 1～2℃。冬季带鸡消毒时应将药液温度加热到室温，喷雾时舍内温度应比平时高 3～5℃。

（4）喷雾消毒时，喷头向上，距鸡体上方 50～60 厘米。

（5）雾滴大小控制在 80～120 微米之间。消毒液要均匀喷雾在鸡体表、笼具和地面上，鸡羽毛微湿即可。

（6）育雏期每周消毒 2 次，育成期每周消毒 1 次；发生疫情时每天消毒 1 次，连续 3～5 天。

（7）消毒完成 15 分钟后，开窗、打开通风设备进行通风换气。

三、人员消毒方法

（1）在鸡场入口处应设置脚踏消毒池，水深 2～3 厘米。常用的消毒池消毒液有 3%～5% 煤酚皂液（来苏儿），或 10%～20% 石灰乳，或 2% 火碱溶液等，消毒液每天更换 1 次。

（2）有条件的也可在鸡场入口处摆放喷雾消毒装置。喷雾消毒液可采用 0.1% 新洁尔灭或 0.2% 过氧乙酸。

（3）在鸡场入口处应设置洗手消毒盆。可使用 0.2% 新洁尔灭溶液，每天换 1 次。

（4）所有工作人员在进入之前，首先更换鸡场工作服和工作鞋，经过脚踏消毒和洗手消毒后，方可进入鸡场。鸡场工作服仅于鸡场内部穿着使用，不得穿出鸡场或鸡舍。

（5）所有离开鸡舍的人员，出鸡舍前应清理掉鞋子上的灰尘杂物，然后脚踏消毒盆出去。

（6）鸡场的工作服和私人服装必须分开存放，避免交叉污染。

四、车辆消毒方法

（1）鸡场大门口应设立车辆消毒池，常用的消毒液有 2%～3% 火碱溶液或其他消毒剂，夏季每天更换 1 次消毒液，冬季 2～3 天更换 1 次。如遇雨天、来人多等情况，应及时更换消毒液，确保消毒池清洁有效。

（2）场区道路应硬化，两旁设排水沟，沟底硬化，有一定坡度，排水方向从清洁区流向污染区。

（3）所有进入场内的车辆，必须先在场区门口指定位置将车轮、车体进行冲洗消毒。

（4）进场车辆的驾驶人员在生产区内不得下车。

（5）发生疫情时，所有出场的车辆，必须对车轮、车体进行冲洗消毒。

五、物品消毒方法

（1）所有进入场区的物品，必须用消毒剂进行喷雾或浸泡消毒。不能通过喷雾或浸泡消毒的物品，则要通过紫外灯箱消毒后才能带进鸡场。

（2）注射器、针头、玻璃瓶等用具，应高温灭菌后才能进入鸡舍内使用。

（3）正常情况下，出场的任何物品都要清理干净。

（4）发生疫情时，所有出场的物品必须消毒后，方可出场。

（5）进入鸡场内的所有药物、饲料等物料包装外表面也要进行消毒。

（6）使用过的各种医疗器械，如注射器、针头等，先用0.5％碘伏浸泡刷洗后，再放入戊二醛溶液浸泡12小时以上，取出用洁净水冲洗晾干备用。也可进行高压灭菌或煮沸处理。

（7）每次使用后的活疫苗空瓶应集中放入有盖塑料桶或塑料袋中进行高压灭菌处理。

（8）免疫完成后，疫苗箱内外表面、防疫器械表面和多余疫苗的疫苗瓶表面，用酒精擦拭消毒后方可出鸡舍。

六、水线的日常清洗消毒方法

（1）应在饮水中加入漂白粉的浓缩液，使鸡舍最远端的饮水中的氯浓度稳定保持在3～5毫克/升。

（2）也可以在晚上熄灯后将水线内的水放掉，使用其他水线专用消毒剂兑水，将其充满整条水线，浸泡一晚上，第二天开灯前将水线内的消毒水放掉，并用高压水将水线内的絮状物冲掉，然后再放入清水供鸡饮用。

七、环境消毒方法

（1）生产区内道路、鸡舍周围、场区周围及场内污水池、排粪坑、下水道要定期消毒。

（2）一般应采用3％火碱水，朝地面喷洒。

（3）消毒液的使用量应保证30分钟内不干。

（4）消毒要全面彻底，不准留有死角，尤其是风机周围应重点消毒。

（5）消毒完后，应用清水将机器内的消毒液冲刷干净。

（6）场区环境消毒应每周1次，春、秋、冬三季在白天进行，夏季在早上7：00以前，晚上6：00以后进行。发生疫情时，应每天消毒1次。

（7）对操作间、舍门口周围、风口、风机百叶窗及周围应使用百毒杀，每天消毒一次。

（8）将每天或定期清除出来的鸡粪、死鸡等经由污道运至专用污物处理区。

八、消毒注意事项

（1）消毒时，应首先清除消毒对象表面的有机物。

（2）浓度要适当，温度和湿度要适宜，消毒方法要正确，消毒时间要保证。

（3）不同消毒药物不能混合使用。

（4）消毒剂要轮换使用。

（5）稀释消毒药时应使用杂质较少的深井水、自来水或白开水，现用现配，一次用完。

（6）按疫病流行情况掌握消毒次数，疫病流行时应增加消毒频率。

（王镇　李颖）

■ 专题三　　规范做好免疫接种 ■

使用疫苗进行免疫接种可以使鸡获得针对某种传染病的特异抵抗力，避免感染和发病，这是提高鸡免疫力、预防疫病发生和流行的关键措施之一。

一、常用疫苗种类及贮存方法

1. 常用疫苗　养鸡场常用如下病的疫苗：禽流感、新城疫、马立克氏病、传染性法氏囊病、传染性支气管炎、鸡痘、传染性喉气管炎、鸡减蛋综合征等。接种的途径主要有饮水、滴鼻点眼、刺种、皮下注射和肌内注射等。每种疫苗都有其最佳接种途径，弱毒疫苗应尽量模仿自然感染途径接种，灭活疫苗应采用皮下或肌内注射接种。

2. 贮存方法

疫苗种类不同，要求的贮存条件也不一样。活疫苗均应低温保存。国产冻干活疫苗一般应在－20℃以下保存，进口冻干活疫苗一般应在 2～8℃ 保存。灭活疫苗：灭活疫苗在冷藏室 2～8℃ 保存；切勿冻结，不要暴晒。一定要仔细阅读疫苗使用说明书或标签，严格按照要求保存疫苗。疫苗贮存应注意以下几点：

（1）所有疫苗必须按照说明书要求的温度条件进行贮存。

（2）冰箱内应备有足够冰袋，以保证停电时疫苗温度不至升高到 12℃。

（3）不同品种、不同厂家、不同批次、不同有效期的疫苗要分开存放。

（4）对容易混淆的，必须用记号笔在瓶上或包装盒上做明显标记。

（5）疫苗存放过程中发现有过期或失效疫苗，应及时焚毁。

（6）冰箱或冷藏柜内结霜（或冰）太厚时，应及时除霜，使冰箱达到确定的冷藏温度。

（7）尽可能减少打开冰箱门的次数，尤其是天气炎热时更应注意。

（8）稀释液可常温贮存，但禁止结冰、阳光暴晒或温度过高。

二、免疫接种前的准备

1. 检查待免疫接种鸡群的健康状况　接种前要了解待免疫接种鸡群的健康状况，检查鸡群精神、食欲，有无临床症状等。怀疑有传染病或鸡群健康状况不佳时应暂缓接种，并进行详细记录，以备过后补免接种。

2. 免疫物品的准备

（1）准备疫苗和稀释液　按照免疫程序或计划，准备所需疫苗和稀释液。检查核对疫苗的名称、生产商、批准文号、生产批号、有效期和失效期等信息。检查疫苗瓶的外观，凡发现疫苗瓶裂、瓶盖松动、失真空、超过有效期或标签不完整、色泽改变等情况，一律不得使用。

不带专用稀释液的疫苗，稀释液可选用蒸馏水、无离子水或生理盐水作为稀释液。

（2）准备免疫接种器械　不同种类注射器、针头、镊子、刺种针、点眼（滴鼻）滴管、饮水器、玻璃棒、量筒、容量瓶、喷雾器、煮沸消毒器或高压灭菌器、搪瓷盘、疫苗冷藏箱等。免疫接种器械的清洗与消毒方法如下：

①将注射器、针头、点眼滴管等用清水冲洗干净。

②将注射器针管、针芯分开，用纱布包好。

③拧松金属注射器活塞调节螺丝，用纱布包好。

④将针头成排插在多层纱布的夹层中。

⑤用灭菌纱布包好的注射器、针头放入高压灭菌器中，121℃高压灭菌15分钟；或煮沸消毒，待冷却后放入灭菌器皿中备用。

⑥灭菌后的器械若一周内不用，下次使用前应重新消毒灭菌。

⑦严禁使用化学药品对免疫接种器械进行消毒。

（3）准备消毒药品、防护装备和其他物品　消毒药品主要包括70％酒精、2％～5％碘酊、来苏儿或新洁尔灭溶液、肥皂等，防护药品包括防护服、胶靴、橡胶手套、口罩、工作帽和护目镜等，其他物品包括脱脂棉、纱布、冰块等。

3. 人员消毒和防护　免疫人员要穿防护服、胶靴，戴橡胶手套、口罩、工作帽。手指甲要剪短，双手要用肥皂水、消毒液洗净，再用70％酒精消毒。按照相关程序进入鸡舍。

4. 疫苗的预温和稀释

（1）疫苗的预温　使用前，从冰箱中取出疫苗，置于室温（15～25℃），以平衡疫苗温度。

（2）冻干疫苗的稀释

①按疫苗使用说明书规定的稀释方法、稀释倍数和稀释剂来稀释疫苗。

②稀释前先除去疫苗瓶和稀释液瓶口的火漆或石蜡。

③用酒精棉球消毒瓶塞。

④用注射器抽取部分稀释液，注入疫苗瓶中，充分振荡使其完全溶解。

⑤将稀释后的疫苗液全部抽出，注入疫苗稀释瓶中，然后再抽取稀释液冲洗，一般冲洗2～3次；注入疫苗瓶中，补充稀释液至规定剂量即可。

⑥在计算和量取稀释液用量时，应细心和准确。

⑦稀释过程应避光、避尘和无菌操作，尤其是注射用疫苗应严格无菌操作。

⑧稀释好的疫苗应尽快用完，尚未使用的疫苗应放在冰箱或冷藏包中冷藏。

（3）吸取疫苗液

①轻轻振摇稀释好的疫苗，使其混合均匀。

②用70％酒精棉球消毒疫苗瓶瓶塞。

③将注射器针头刺入疫苗瓶，抽取疫苗。

④将注射器垂直，针头冲上，排除针管中的空气，排气时用棉球包裹针头，以防疫苗溢出，污染环境。

⑤使用连续注射器时，把注射器软管连接的长针插至疫苗瓶底即可，同时插入另一针头供通气用。

三、疫苗的免疫接种

1. 滴鼻点眼法　适用于一些预防呼吸道疾病的疫苗，如新城疫疫苗、传染性支气管炎疫苗、传染性喉气管炎疫苗等。常用于雏鸡的基础免疫（图4-2）。其具体操作方法如下：

（1）为减少应激，最好在晚上接种，如天气阴凉也可在白天适当关闭门窗后，在稍暗的光线下进行。

（2）稀释液的用量应准确，最好根据自己所用的滴管或针头试滴，确定每毫升有多少滴，然后再计算实际使用疫苗稀释液的用量。通常一滴约0.05毫升，每只鸡2滴，约需使用0.1毫升。

（3）将疫苗倒入滴瓶内，将滴头安在瓶上，轻轻摇动。

（4）20日龄以下雏鸡，免疫人员可一人固定，一手只能抓一只鸡，不能一手同时抓几只鸡。

（5）20日龄以上鸡，需两人配合完成，一人保定鸡体，另一

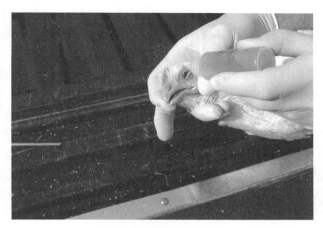

图 4-2　点眼接种疫苗

人固定鸡头进行免疫。

（6）把鸡头水平放在免疫者的身体前侧，一只手握住鸡体，用拇指和食指夹住其头部，翻转头部，准备滴眼。

（7）另一只手持滴管将疫苗滴入眼、鼻各 1 滴，操作顺序为先点眼后滴鼻，待疫苗进入眼、鼻后，将鸡放开。

（8）注意事项　①操作要迅速，还要防止漏滴和甩头；②应注意做好已接种和未接种鸡之间的隔离；③疫苗液应现配现用，且在 1 小时内用完；④应确保对每只鸡都进行免疫接种，使鸡群的抗体水平整齐一致。

2. 皮下注射法　适用于各种灭活疫苗和弱毒活苗的免疫接种。其具体操作方法如下：

（1）注射灭活疫苗之前，应提前 30～60 分钟将灭活苗从冰箱内取出，置于室温下进行回温。

（2）操作时，先使其头朝前腹朝下，用一只手的食指与拇指提起头颈部背侧皮肤并向上提起。

（3）另一只手持注射器由前向后从皮肤隆起处刺入皮下，注入疫苗。

（4）颈部皮下注射部位宜在颈背部后 1/3 处。

（5）注意事项 ①免疫过程中应经常检查疫苗使用剂量是否准确，并检查用量是否正确；②免疫操作过程中，应经常摇动疫苗瓶；③注意不能将针头丢在鸡舍内。

3. 肌内注射法 适用于各种灭活疫苗和弱毒活苗的免疫接种。其具体操作方法如下：

（1）注射灭活疫苗之前，应提前 30～60 分钟将灭活苗从冰箱内取出，置于室温下进行回温。

（2）选用胸部肌内注射时，一般应将疫苗注射到胸骨外侧的浅层肌肉内。注意进针方向应与鸡体保持 45°倾斜向前进针，以避免刺穿体腔或刺伤肝脏、心脏等。对体型较小的鸡尤其要注意。

（3）腿部肌内注射的部位通常应选在无血管处的外侧腓肠肌。进针方向应与腿部平行，顺着腿骨方向并保持与腿部 30°～45°进针，将疫苗注射到腿部外侧腓肠肌的浅层肌肉内。

（4）疫苗的注射量应适当，一般以每只 0.2～1 毫升为宜。

（5）针头插入的深度为 0.5～1 厘米，日龄较大的鸡为 1～2 厘米。

（6）在将疫苗液推入后，针头应慢慢拔出，以免液体漏出。

4. 饮水免疫法 适用于弱毒疫苗，如传染性法氏囊病弱毒苗、传染性支气管炎弱毒苗、新城疫弱毒苗等。其具体操作方法如下：

（1）前 7 天，根据免疫程序，确定具体接种日期、安排人员、布置工作。

（2）前 6 天，查看鸡群吃料、呼吸症状、粪便等。

（3）前 5～4 天，用消毒剂在夜间消毒水线；如果饮水中长期使用酸化剂，则无需消毒水线。

（4）前 3 天，检查并维修加药器、饮水乳头等相关设备。

（5）前 2 天，饲喂维生素 C，连用 2 天，同时调试好加药器，并且记录 1 小时各加药器的准确吸水量。

（6）前 1 天，再次清洗水线加药器。

（7）饮水免疫当天，准备好疫苗、稳定剂，准备好免疫接种相关器材，要求所有与疫苗接触的物品（水线、水、桶等）要干净、无污染，且绝对不含消毒剂、洗涤剂等。

（8）免疫前 30 分钟，称量好清水或蒸馏水若干升（一般按 3 小时的实际用水量的总和），将按 0.1%～3%加入脱脂乳或山梨糖醇等疫苗稳定剂。

（9）配制疫苗前应再次核对并确认疫苗标识无误（名称、头份、效期等）。

（10）鸡舍开灯前 15 分钟，开始按免疫剂量配成若干头份疫苗，混匀。

（11）配制疫苗时应将疫苗瓶浸入水中开启瓶盖。

（12）疫苗配好后即到后面水线末端排水，排水 10 分钟即停止排水；同时用加药器吸取配制好的疫苗液，等待开灯鸡群正常饮用。

（13）盖好接有排水的桶，并推出鸡舍。

（14）注意观察疫苗液的饮水情况，待第一桶疫苗水快饮完时（约 50 分钟），配制第二桶，第二桶快饮完时配制第三桶（方法同上），每舍共饮 3 次，每次 1 羽份/只。

（15）保证每只鸡都饮到含疫苗的水，疫苗水饮完后，再供给正常饮水。

（16）用不含消毒剂的水将配疫苗用的桶清洗干净。

（17）注意事项　①配制好疫苗的水要与尚未配疫苗的水分开，避免混淆；②饮水免疫后要观察鸡群（产蛋率、死淘率、吃料快慢、症状等）；③稀释疫苗不能使用金属容器；④稀释疫苗的饮水不能用自来水；⑤饮水器数量要充足，以保证所有鸡能在短时间内饮到足够的疫苗。

5. 刺种法　适用于鸡痘弱毒疫苗的免疫接种。其具体操作方法如下：

（1）按疫苗使用说明书对鸡痘疫苗进行稀释。

（2）对雏鸡刺种可由一人完成，左手抓住鸡的一只翅膀，右手持刺种针；对成年鸡进行刺种免疫，应由两人配合完成，抓鸡人员一手将鸡的双脚固定，另一手轻轻展开鸡的翅膀，拇指拨开羽毛，暴露出三角区；免疫接种人员用特制的疫苗刺种针蘸取疫苗进行刺种。

（3）将刺种针插入疫苗瓶中，蘸取稀释的疫苗液，确保刺种针的针槽内充满药液，然后在鸡翅膀内侧三角区无血管处进行垂直刺针。

（4）拔出刺种针，稍停片刻，待疫苗被吸收后，将鸡轻轻放开。

（5）再将刺种针插入疫苗瓶中，蘸取疫苗，准备下次刺种。

（6）每次刺种前，都要将刺种针在疫苗瓶中蘸一下，并保证每次都蘸上足量疫苗。

（7）经常检查疫苗瓶中疫苗液的深度，以便及时添加。

（8）一般刺种后 7～10 天刺种部位会出现轻微红肿、结痂，14～21 天痂块脱落。这是正常的疫苗反应，无此反应，则说明免疫失败，应重新刺种。

（9）注意事项　①在接种过程中，应边接种边摇动疫苗瓶，力求疫苗混合均匀；②稀释疫苗时，须使疫苗完全溶解，稀释好的疫苗要在 1 小时内用完；③刺种部位应在鸡翅翼膜内侧中央，而不能在其他部位，防止伤及肌肉、关节、血管；④勿将疫苗溅出或触及接种区以外的其他部位；⑤刺种时应保证刺种部位无羽毛，防止药液黏附在羽毛上，造成剂量不足。

四、建议的免疫程序

建议的蛋鸡、阉鸡、中速黄羽肉鸡、快大型黄羽肉鸡、快大型白羽肉鸡的免疫程序分别见表 4-2、表 4-3、表 4-4、表 4-5、表 4-6。

表 4-2　蛋鸡免疫程序（建议）

日龄或周龄	使用疫苗	免疫接种途径	剂量
1 日龄	鸡新城疫、传染性支气管炎二联活疫苗	喷雾免疫	1 羽份
5 日龄	鸡病毒性关节炎活疫苗	颈部皮下注射	1 羽份

（续）

日龄或周龄	使用疫苗	免疫接种途径	剂 量
7～9日龄	鸡新城疫、传染性支气管炎二联活疫苗	点眼滴鼻或喷雾	1 羽份
	鸡新城疫、禽流感（H9 亚型）、传染性法氏囊病三联灭活疫苗	颈部皮下注射	0.3 毫升
2 周龄	重组禽流感病毒（H5＋H7）三价灭活疫苗	颈部皮下注射	0.3 毫升
3 周龄	鸡痘活疫苗	刺种	1 羽份
4 周龄	鸡新城疫、传染性支气管炎二联活疫苗	点眼滴鼻或喷雾	1 羽份
	鸡新城疫、禽流感（H9 亚型）二联灭活疫苗	左侧浅层胸肌注射	0.5 毫升
6 周龄	鸡病毒性关节炎活疫苗	颈部皮下注射	1 羽份
	重组禽流感病毒（H5＋H7）三价灭活疫苗	右侧浅层胸肌注射	0.5 毫升
7 周龄	鸡传染性喉气管炎活疫苗	点眼滴鼻	1 羽份
	鸡传染性鼻炎灭活疫苗	颈部皮下注射	0.5 毫升
9 周龄	鸡新城疫、传染性支气管炎二联活疫苗	点眼滴鼻或喷雾	1 羽份
	鸡新城疫、传染性支气管炎、禽流感（H9 亚型）三联灭活疫苗	左侧浅层胸肌注射	0.5 毫升
11 周龄	鸡传染性喉气管炎活疫苗	点眼滴鼻	1 羽份
	重组禽流感病毒（H5＋H7）三价灭活疫苗	右侧浅层胸肌注射	0.5 毫升
13 周龄	禽脑脊髓炎、鸡痘二联活疫苗	刺种	1 羽份
	鸡传染性鼻炎灭活疫苗	颈部皮下注射	0.5 毫升
15 周龄	鸡新城疫、传染性支气管炎二联活疫苗	点眼滴鼻或喷雾	1 羽份
	鸡新城疫、传染性支气管炎、减蛋综合征、禽流感（H9 亚型）四联灭活疫苗	右侧浅层胸肌注射	0.5 毫升
16 周龄	重组禽流感病毒（H5＋H7）三价灭活疫苗	左侧浅层胸肌注射	0.5 毫升
17 周龄	鸡新城疫、传染性支气管炎、传染性法氏囊病、病毒性关节炎四联灭活疫苗	右侧浅层胸肌注射	0.5 毫升

（续）

日龄或周龄	使用疫苗	免疫接种途径	剂 量
19 周龄	鸡新城疫、传染性支气管炎二联活疫苗	点眼滴鼻或喷雾	1 羽份
	鸡新城疫、禽流感（H9 亚型）二联灭活疫苗	左侧浅层胸肌注射	0.5 毫升

注：①开产后每隔 3～4 月免疫一次鸡新流或新支流三联灭活疫苗，免疫注射部位交替使用；②每隔 2～3 月免疫一次重组禽流感（H5＋H7）三联灭活疫苗，免疫部位交替使用；③每隔 1.5～2 月交替使用鸡新城疫活疫苗或鸡新城疫、传染性支气管炎二联活疫苗饮水或喷雾；④开产后根据抗体检测情况或 44～45 周适时免疫新支法关四联灭活疫苗；⑤油苗免疫前一定要注意预温和摇匀。

表 4-3 慢速、阉鸡免疫程序（建议）

日龄或周龄	疫 苗	使用方法	剂量
1 日龄	鸡新城疫、传染性支气管炎二联活疫苗	喷雾	1 羽份
1 周龄	鸡新城疫、传染性支气管炎二联活疫苗	点眼滴鼻或喷雾	1 羽份
	鸡新城疫、禽流感（H9 亚型）、传染性法氏囊病三联灭活疫苗	颈部皮下注射	0.3 毫升
2 周龄	鸡毒支原体活疫苗	点眼滴鼻	1 羽份
	重组禽流感病毒（H5＋H7）三价灭活疫苗	颈部皮下注射	0.4 毫升
3 周龄	鸡痘活疫苗	刺种	1 羽份
5 周龄	鸡新城疫、传染性支气管炎二联活疫苗	点眼滴鼻或喷雾	1 羽份
	鸡新城疫、禽流感（H9 亚型）二联灭活疫苗或新城疫、传染性支气管炎、禽流感（H9 亚型）三联灭活疫苗	左侧浅层胸肌注射	0.5 毫升
6 周龄	鸡传染性喉气管炎活疫苗	点眼滴鼻	1 羽份
	重组禽流感病毒（H5＋H7）三价灭活疫苗	右侧浅层胸肌注射	0.5 毫升
9 周龄	鸡新城疫、传染性支气管炎二联活疫苗	点眼滴鼻	1 羽份
16 周龄	重组禽流感病毒（H5＋H7）三价灭活疫苗	左侧浅层胸肌注射	0.5 毫升
18 周龄	鸡新城疫活疫苗	饮水	2 羽份

表 4-4　中速黄羽肉鸡免疫程序（建议）

日龄或周龄	使用疫苗	免疫接种途径	免疫剂量
1 日龄	鸡新城疫、传染性支气管炎二联活疫苗	喷雾	1 羽份
1 周龄	鸡新城疫、传染性支气管炎二联活疫苗	点眼滴鼻或喷雾	1 羽份
	鸡新城疫、禽流感（H9 亚型）、传染性法氏囊病三联灭活疫苗	颈部皮下注射	0.3 毫升
2 周龄	重组禽流感病毒（H5＋H7）三价灭活疫苗	颈部皮下注射	0.3 毫升
3 周龄	鸡痘活疫苗	刺种	1 羽份
4 周龄	鸡新城疫、传染性支气管炎二联活疫苗	点眼滴鼻或喷雾	1 羽份
	鸡新城疫、禽流感（H9 亚型）二联灭活疫苗或新城疫、传染性支气管炎、禽流感（H9 亚型）三联灭活疫苗	左侧浅层胸肌注射	0.5 毫升
5 周龄	鸡传染性喉气管炎活疫苗	点眼滴鼻	1 羽份
6 周龄	重组禽流感病毒（H5＋H7）三价灭活疫苗	右侧浅层胸肌注射	0.5 毫升
8 周龄	鸡新城疫、传染性支气管炎二联活疫苗	饮水、喷雾	1 羽份

表 4-5　快大型黄羽肉鸡免疫程序（建议）

日龄或周龄	使用疫苗	免疫接种途径	免疫剂量
1 日龄	鸡新城疫、传染性支气管炎二联活疫苗	喷雾	1 羽份
1 周龄	鸡新城疫、传染性支气管炎二联活疫苗	点眼滴鼻或喷雾	1 羽份
	鸡新城疫、禽流感（H9 亚型）、传染性法氏囊病三联灭活疫苗	颈部皮下注射	0.3 毫升
2 周龄	重组禽流感病毒（H5＋H7）三价灭活疫苗	颈部皮下注射	0.3 毫升
3 周龄	鸡痘活疫苗	刺种	1 羽份
4 周龄	鸡新城疫、传染性支气管炎二联活疫苗	点眼滴鼻或喷雾	1 羽份
	鸡新城疫、禽流感（H9 亚型）或新城疫、传染性支气管炎、禽流感（H9 亚型）三联灭活疫苗	左侧浅层胸肌注射	0.5 毫升

（续）

日龄或周龄	使用疫苗	免疫接种途径	免疫剂量
5 周龄	鸡传染性喉气管炎活疫苗	点眼滴鼻	1 羽份
	重组禽流感病毒（H5＋H7）三价灭活疫苗	右侧浅层胸肌注射	0.5 毫升

表 4-6　快大型白羽肉鸡免疫程序（建议）

日龄	使用疫苗	免疫接种途径	免疫剂量
1 日龄	鸡传染性法氏囊病抗原抗体复合物疫苗	皮下注射	1 羽份
	鸡新城疫、传染性支气管炎二联活疫苗	点眼滴鼻或喷雾	1 羽份
	鸡新城疫、禽流感（H9 亚型）二联灭活疫苗＋重组禽流感病毒（H5＋H7）三价灭活疫苗	颈部皮下注射	0.15～0.2 毫升
7～9 日龄	鸡新城疫、传染性支气管炎二联活疫苗	点眼滴鼻或喷雾	1 羽份
	新城疫、禽流感（H9 亚型）二联灭活疫苗＋重组禽流感病毒（H5＋H7）三价灭活疫苗	颈部皮下注射	0.3 毫升

（杨颖　袁雪涛）

■ 专题四　科学开展健康监测　及时进行预防和治疗 ■

养鸡场（户）应高度重视健康监测，经常观察、检查并记录鸡的饲养管理情况和临床健康，必要时采集样本送有关实验室进行检测，持续收集鸡群疫病的发生、流行等信息，尽早发现鸡群异常状况，及时采取适宜的治疗措施。

一、健康监测的基本内容

1. 生产状况监测和记录　对生长发育及生产指标的检查和记录是鸡群管理中最重要且最基础的内容，可以及时了解鸡群的生长发育、生产、健康状况等。生产记录的内容应包括：

（1）雏鸡来源情况 包括进雏日期、进雏数量、品种和雏鸡来源。

（2）日常生产记录 包括日期、日龄、进鸡数量、死亡数、存栏数、饲料消耗量、鸡群健康状况、体重、产蛋量（包括畸形蛋类别和数量）等。

（3）消毒记录 包括消毒剂名称、用法、用量、消毒时间。

（4）免疫接种记录 包括疫苗、剂量、免疫途径、接种日期、疫苗生产厂家、疫苗批号、操作人员等。

（5）用药记录 包括药物名称、剂量、用药途径、投药日期、生产厂家、生产批号等。

以上基本生产管理记录不仅对于鸡场的日常生产管理极为重要，也是及早发现异常和疾病的基本信息来源。对鸡的体重、耗料量和产蛋量等基本生产状况进行仔细检查和记录，并及时与标准体重、饲料消耗量、产蛋率和饲料转化率等生产指标进行比较与分析，就可以及时观察到原因不明的指标下降或偏离，通过进行认真调查分析，即可查清鸡群是否发生应激或疾病（表4-7）。

表4-7 生产记录

栋舍号：　　　进鸡日期：　年　月　日　进鸡数量：　　只

日期	日龄	存栏数量（只）	死亡数量（只）	淘汰数量（只）	喂料量（千克）	产蛋数（枚）	平均体重（克）	消毒情况	免疫接种情况	健康及用药情况

2. 饮用水的监测

（1）养鸡场（户）的水质应符合畜禽饮用水水质标准的要求。

（2）一般每年或每2批鸡进行一次水质检测。

（3）每月应清理1次水塔和输水管道。

（4）每天清理 1 次饮水器和水槽。

3. 临床监测 鸡群出现异常时，应首先检查健康鸡群，后观察发病群。检查内容应包括：鸡群分布是否均匀，有无拥挤和扎堆现象；采食和饮水情况；粪便状态；羽毛情况；精神状态和运动情况等。凡精神不振、羽毛蓬乱、嗜睡、动作异常、食欲降低、产蛋率下降、粪便异常、张口呼吸、卧地不起的，均为病态。必要时，应仔细检查呼吸频率、呼吸状态、呼吸音和鼻漏等；口腔黏膜、嗉囊、泄殖腔、排粪及粪便情况等；观察有无共济失调、角弓反张以及骨骼和腿部发育等；还需要检查产蛋量，以及畸形蛋的种类和数量等。

4. 血清学监测 主要是免疫抗体效价监测，即采用实验室方法检测禽流感和新城疫等主要疫病的免疫抗体水平，了解鸡群健康情况及疫苗免疫效果，分析免疫抗体效价变化规律，以指导科学免疫接种工作。

活苗免疫后 2 周，灭活苗免疫后 3～4 周，可以采集血清样品，送有关实验室进行抗体水平检测，掌握免疫效果。

二、科学开展药物预防

1. 养鸡场常用兽药种类

（1）治疗性用药 养鸡场治疗性用药主要为抗生素、抗寄生虫制剂及中兽药制剂。常用抗生素品类包含磺胺嘧啶、氟苯尼考、恩诺沙星、阿莫西林、硫酸黏菌素等。其中，硫酸黏菌素可用于肠道疾病治疗，对革兰氏阳性杆菌敏感性不高，阿莫西林对革兰氏阴性菌引起的感染性疾病治疗效果较好，常被用于治疗泌尿系统感染及呼吸系统感染；应用上述抗生素也可治疗沙门氏菌感染。也可应用中兽药制剂治疗鸡场疾病，如麻杏石甘汤、双黄连口服液等。

（2）消毒剂 养鸡场内广泛应用消毒药，其主要用途是对鸡舍及周边环境消毒。一般为多种消毒药物交叉使用，常见化学成分包含戊二醛、碘制剂等。在饮水系统消毒方面，多应用有机酸及无机盐复合性消毒制剂；脚踏盆设备及车辆消毒一般应用复合酚消毒剂。

（3）预防性用药　鸡场中预防性用药主要为添加到饮水或饲料内的微生态制剂、有机酸、抗生素类药物、中兽药等，主要用于预防鸡常见病。这些有机酸、微生态制剂、氨基酸、维生素混合物和中草药提取物等，能调节鸡肠道菌群平衡，有效补充其生长所需的各类氨基酸、维生素，全面增强鸡体抵抗疾病的能力。

2. 用药方法

（1）群体投药方法　这种投药方法简便、省时省力。

①饮水给药　鸡群防治疾病服用的药液是将易溶于水且溶水后不易变性的兽药配制成液体，让鸡喝配制好的药水，达到防治疾病的目的。适于短期一次性投药、紧急治疗、病鸡不吃料只喝水及大群投药、饮水免疫使用。

配制时要充分考虑配制室内和外界气温、阳光及药物是否易被氧化、鸡舍温度、湿度和消毒情况等方面。根据每只鸡的饮水量和鸡的数量计算出同一个饮水器具鸡的一次用水量和整个鸡群总的用水量，要结合考虑鸡群体和个体的具体情况来选定所需兽药的品种和数量配制药液，根据经验产蛋鸡每天饮水量每只220~320毫升，饮水给药时应注意用药前让鸡停止饮水1~2小时，然后让鸡饮用配制好的药液，药液配制量应以鸡在1~2小时饮用完为标准，以便防止有的鸡因饮水不足，药物达不到疗效。药物配制人员一定要掌握药性，看清楚药物是否溶于水，对不易溶于水的药物配制成的药液，在鸡饮用时要不断地进行搅拌，确保药液均匀，务必不要把兽药直接放入长流水的水槽中，以防浪费药物，达不到治疗效果，并且无法准确计算出用药的剂量。

②拌料喂药　把药物均匀混入饲料中，让鸡自由采食，适用于需长期投药、不溶于水、适口性差的药物。这种方法要求配制人员在用药配料前看明白药物说明书，先确定好药物和饲料的比例，使用饲料、药物混合搅拌装置，采取逐级稀释的方法将需要的药物同少量的饲料混合均匀，逐渐拌料稀释，最后将其加入所需饲料中，充分搅拌混合均匀后使用。但对个别小型养鸡场也可采用人工搅拌

的方法配制药物饲料。在整个配制过程中应做到将需要的兽药与所需喂的饲料充分混合均匀，特别是对那些用量少、易产生副作用的兽药搅拌时更为细致认真，要严格遵守药物的休药期，同时要了解所用饲料中原饲料添加剂的药物成分，掌握兽药的药性和配伍禁忌。

③通过体表给药　这种给药方法就是采用药液的浸泡、喷淋、气雾熏蒸的方式杀死鸡体表的致病菌，或带鸡消毒。要求对鸡体外寄生虫可采用体表用药的方法将药液浸入体表各处；用气雾熏蒸方法，杀死体外微生物，应把握好熏蒸时间，熏蒸后要通风。

（2）单鸡给药方法

①注射给药　分皮下、肌内注射等，适应鸡群病情较急和较严重时使用及免疫注射使用。肌内注射部位常在翼的根部内侧肌肉、胸部肌肉和大腿部肌肉，皮下注射部位常选择颈部皮下或大腿内侧皮下。具体操作时要注意针头的消毒，防止针头的交叉感染，还要注意一些药物产生的局部刺激和过敏反应。

②个体投喂服药　这种方法是将兽药直接投喂到鸡消化道的食管上端，或用套有软塑料管或橡皮管的注射器具经过口腔送到鸡的嗉囊内或食管膨大部。对少量的病鸡或珍贵的禽类适合此法。

3. 采取多种措施治疗相关疾病　疾病治疗是保障鸡群健康的重要环节，应始终坚持"预防为主，治疗为辅"的原则，做好治疗和防疫工作，严格控制疾病传染，减少经济损失。治疗鸡病应做到早发现、早确诊、早治疗、早控制，减少各种疾病带来的应激，确保鸡的安全健康生长。在日常饲养管理过程中，要仔细分析饲料消耗量、饮水量、产蛋量，密切观察鸡的羽毛、呼吸、粪便等，都可以及早发现异常情况。

（1）仔细检查管理，认真分析原因　多数疾病都是由于管理问题而造成的，通过仔细的调查可以发现。为此，在发生疾病后，应首先仔细检查鸡群的全部管理措施。检查饲养密度，围栏、鸡笼是否有尖锐的铁丝突出，料桶和饮水器的数量，疾病的症状，产蛋率，饲料消耗量等。根据死亡的特点和舍内的情况，可能会发现问题，这一点比病理剖检和实验室检测更为重要。

（2）及时送检，尽早做出正确诊断　对于未确诊疾病而采取的治疗措施多半效果不好，而且还花费较大代价。进行认真的剖检，采集任何可能有诊断价值的病料送交有关实验室，或邀请鸡病专家进行会诊。同时要注意收集鸡群的发病历史资料，并认真填写病历，这对疾病的迅速确诊是很有帮助的。在送检病料的同时，附上准确而完整的病历资料对疾病的实验室确诊极为重要。实际上，很多有经验的兽医专家有时可根据病历卡片上填写的临床症状和暴发特点，而做出假定性诊断。

（3）迅速隔离病鸡，防止蔓延传播　对濒临死亡的鸡，要迅速拣出，并作适当的处理，焚烧或深埋。对尚未发病的鸡群，应立即采取强制性的隔离和严格消毒，防止易感鸡受到传染。

（4）立即开展消毒灭源，避免疫情扩散　对场内鸡舍、场地以及所有运载工具、饮水用具等必须进行严格彻底的消毒。

（5）严格处理死鸡，严防传播　对所有病死鸡、被扑杀鸡及其产品（包括肉、蛋、精液、羽、绒、内脏、骨、血等）按照最新的无害化处理规程进行处理；对于病鸡排泄物和被污染或可能被污染的垫料、饲料等均需进行无害化处理。病鸡尸体需要运送时，应使用防漏容器，须有明显标志。

（6）加强饲养管理　在对疾病进行诊断的同时，要采取一些必要措施。纠正发现的管理错误，如过度拥挤、饮水器太脏和通风不良等。

（7）科学开展紧急免疫接种　对怀疑可能是传染性疾病的，应当用疫苗进行紧急免疫接种，这样可以有效预防疾病的发生，控制其进一步蔓延和扩散。

（8）合理用药，及时治疗　应当在饲料或饮水中添加广谱抗生素，进行及时合理的治疗、预防和控制。最好是在饮水中添加，因为多数病鸡虽然不采食但仍然饮水。

（9）发现重大疫病，应立即报告　发现疑似高致病性禽流感和新城疫等疫病时，畜主应立即限制鸡移动，对疑似患病鸡进行隔离，并立即向当地动物防疫监督机构报告。当地动物防疫监督机构要及时派相关人员到现场进行调查核实、采集样品，开展实验室诊断。

（刘伟　孙涛）

模块五 鸡场废弃物的无害化处理与资源化利用

鸡场在生产鸡肉、鸡蛋的同时，还产生了多种废弃物。如果对这些废弃物处理不及时或处理不当、任意倾倒、排放或堆积，将对周边环境造成严重的污染。因此，养鸡场废弃物的处理，是控制鸡场环境卫生、改善防疫条件、减少公害的重要措施，处理得当便可达到变废为宝、化害为利的目的。

■ 专题一　源头减排技术 ■

采用源头减排技术就是指通过日粮优化、低氮低磷配方、改进饲料加工工艺、改善鸡舍环境和应用微生态制剂等综合技术提高饲料转化率，减少饲料过腹排放，从源头减轻养鸡场粪污排泄量。

一、先进的饲养方式和科学的管理模式

蛋鸡和肉鸡饲养过程也是污染物产生的过程，污染物产生量很大程度上取决于鸡场的饲养和管理方式。改进饲养和管理方式是减少污染物产生量、降低后续污染处理难度、提高综合利用价值的关键。

（1）在鸡舍设计上，尽量采用笼养方式，做好雨污分流设施。

（2）在冲洗鸡舍时，尽量节水，减少污水的处理量。

（3）鸡场（户）为解决夏季粪便含水率高的问题，可采用全自动（全封闭）养殖设施。采用不同养殖设施的效果、经营特点、适合或采用的条件均不同，而且粪便管理方式、管理效果也有很大差

异。采用全自动饲养设施可以改善鸡粪的管理，由于舍内温控和气流控制较理想，每一层笼下设有粪便输送带，粪便可定期（及时）全自动化输送到舍外。这种养殖方式产生的粪便比较干燥，可直接包装运输，基本上解决了夏季粪中含水率高的问题。

二、优化饲料配方

日粮中蛋白质的氨基酸平衡是影响蛋白质利用率的主要因素，日粮中的氨基酸组成应与动物所需的氨基酸相适应，即达到"理想蛋白质"状态。蛋白质的利用率最高，氮排出量最少。在准确估测鸡氨基酸需要量和各种饲料氨基酸消化率的基础上，添加人工合成氨基酸，保持氨基酸平衡，既可保证鸡的正常生产性能，又可以减少氮的排出。

在优化饲料配方方面，可以适度减少饲料中氮、磷含量，提高磷等矿物质和蛋白质的消化率，从而改善鸡粪中营养物质含量，使其在综合利用中更符合作物生长的需要。

三、合理调制日粮，提高饲料利用率

粒径大小适中的颗粒料，因增加了饲料与消化道的接触面积和适口性，可提高鸡的消化率。饲料的膨化处理和颗粒化处理能使随粪便排出的干物质减少 1/3。

微量元素是鸡生长必不可少的营养素之一，某些微量元素高剂量时具有一些特殊生理作用，但饲料中过量添加，会导致粪便内的金属离子含量越来越多，污染环境。使用微量元素氨基酸螯合物易吸收，效价高，添加量少，金属离子排出量少，是一种理想的微量元素添加剂。

减少饲料中含硫矿物质如硫酸铜和硫酸铁的使用，可降低含硫臭气。

四、使用物理吸附与抑制方法

利用沸石、丝兰提取物、木炭、活性炭、绿矾、煤渣、生石灰等具有吸附作用的物质吸附空气中的有害气体。在饲料中加入这些防臭剂，可起到除臭作用。这种方式一般可使鸡排泄物中氨的浓度降低 34％，硫化物降低 50％；在垫料中混入硫黄，可以使垫料的 pH 降至 7.0 以下，可抑制粪便中的氨气产生和散发，降低鸡舍空气中氨气含量。

五、应用微生态制剂

1. 使用益生素　很多有益微生物可在肠道内建立优势菌群，抑制有害菌群的定植，改善肠道微生物区系平衡，使增殖的有益菌产生各种消化酶，如蛋白酶、脂肪酶、淀粉酶、纤维素酶等，从而提高饲料蛋白质利用率和机体抗病能力，起到防治消化道疾病和促进生长的双重作用，减少粪便中的氮排出量，降低空气中有害气体含量。

2. 添加酶制剂　饲料中尤其是植物性饲料中含有许多抗营养因子，如植酸、单宁、胰蛋白酶抑制因子等。在饲料中添加酶制剂，通过补充动物体消化酶分泌的不足或增加动物体内不存在的酶，能有效降低饲料中的抗营养因子，促进营养物质的消化吸收，提高饲料的利用率，并可使粪便和氮排出量减少 20％。

（李东春）

■ 专题二　鸡粪的处理与资源化利用 ■

在鸡场产生的多种废弃物中，鸡粪产量占废弃物的比例最高，一般与饲料用量相当。鸡粪中含有大量农作物生长所必需的氮、磷、钾等和大量的有机质，鸡粪肥效好、肥力长，通常将其作为有机肥料施用于农田。农田施用鸡粪不仅可以提高农作物的产量和品质，而且可以提高土壤中有机物的含量。

鸡粪收集

一、鸡粪的自然干燥

将鸡粪用人工直接摊开晾晒，晒干后，压碎直接作为产品出售。

1. 自然干燥法 小型养鸡场（户）多用此法。其原理主要是利用太阳光的照射作用，将鸡粪单独或混入适量米糠或麦麸，通过自然通风或强制通风达到干燥的目的，通风或晒干后装入塑料袋，存放于干燥处待用。该方法操作简单，成本低，但处理过程中占地面积较大，受天气影响严重，且在干燥中存在氨挥发等问题，会产生大量臭味气体污染空气。一般可先在新鲜鸡粪里掺入 20%～30%米糠或麦麸，然后摊在阳光下曝晒，使鸡粪的含水量降到15%以下，干燥后过筛去除杂质，装入袋内或堆放于干燥处备用。

2. 塑料大棚自然干燥法 该法可在塑料大棚中进行，借助塑料大棚内形成的"温室效应"对鸡粪进行干燥处理。专用的塑料大棚一般宽 4.5 米，长 45～56 米，在夏季，只需 1 周即可把鸡粪的含水量降到 10%左右，即可作为产品直接销售。

二、鸡粪的堆肥处理

堆肥是指在人工控制下通过微生物的发酵作用，将废弃有机物转变为肥料的过程。通过堆肥化过程，有机物由不稳定状态转变为稳定的腐殖质。堆肥产品一般不含病原菌，不含杂草种子，而且无臭无蝇，可以安全处理和保存，是一种良好的土壤改良剂和有机肥料。

鸡粪的高温
堆肥发酵

鸡粪二次发酵和
有机肥检验

1. 直接堆腐 其主要工艺流程是把鸡粪、废垫料和秸秆或草炭等混合，堆高 1 米左右，利用高温堆肥，定期翻动通气发酵，发酵完后就作为产品。直接堆腐的优点是生产工艺简单，投入少，成本低。主要缺点是产品堆放时间过长，受各种外界条件影响大，产品质量难以保证，连续生产程度不高，生产周期长。

（1）菌剂 随着季节的不同及微生物菌剂使用时间的长短，鸡粪发酵时微生物菌剂的添加量有所不同。刚开始使用菌剂时，建议菌剂添加量控制在发酵物料总量的 5‰，持续 3 个月以上，待发酵效果稳定之后，菌剂的添加量可以逐渐降低到 2‰～3‰；夏季比较容易发酵，菌剂添加量可以适当减少，冬季外界环境温度低，不利于发酵，可以适当增加微生物菌剂添加量。具体以实际情况为准。

（2）堆肥方式

①简易式堆肥　简易式堆肥的堆体底部宽通常为 1.2～2.0 米，堆体高为 50～80 厘米，长度不限，可根据具体场地来确定。也可以由翻抛机的尺寸决定。

②条垛式堆肥　是将物料堆成条垛状，槽宽通常为 4.0～6.0 米，槽深为 1.0～1.2 米，堆体高为 80 厘米左右（不超过 1.0～1.5 米），长度视场地规模而定，通过人工或机械翻堆供氧。优点是投资小，运转费用低，生产率高；但占地面积大，腐熟时间长，且受外界气候的影响较大。

③通气固定垛堆肥　通气固定垛堆肥系统在堆肥过程中不进行翻堆，而通过机械强制通风或抽气来实现通风供氧，其堆垛高度为 1.5～2.0 米，宽度为 2.0～3.0 米。该方式可通过通风量和风速来控制堆肥进程，缩短堆肥周期，提高处理能力和处理效果，但其占地面积大，所需运转费用高，膨胀剂的混合和分离较困难。

（3）翻抛　可人工翻料或使用翻抛机。翻抛机由带有翻铲的旋转滚筒、行走装置和提升装置等组成，旋转滚筒由液压马达带动，翻动发酵物料，在向后抛撒发酵物料过程中，起到疏松通气、散发水汽、粉碎、搅拌等作用，促进物料发酵腐熟、干燥。具体翻抛机的规格可在发酵槽规格定了之后进行确定。

新堆积的混合物料用翻抛机进行翻抛，使之混合均匀，前 7 天，每天翻抛一次，每次 2 小时，后 8 天每 2 天翻抛一次，每次 2 小时。

（4）鸡粪腐熟度评价指标　堆肥制品一般应符合下列要求：①成品堆肥外观应为茶褐色或黑褐色、无恶臭、质地松散，具有泥土气味；②堆肥产品存放时，含水率应不高于 30%，袋装堆肥含水率应不高于 20%；③堆肥产品的含盐量应在 1%～2%；④pH 7.5～

8.0，粪大肠菌群数≤100 个/克，寄生虫虫卵死亡率在 95％～100％。凡达到上述指标的都属于发酵完善。

2. 发酵池发酵 主要工艺流程是把鸡粪、废垫料、草炭、锯末等混合放入发酵池中，充氧发酵，发酵完成后粉碎，过筛包装成产品。

（1）地坑式发酵法 在距鸡场 500～1 000 米以外的田间、地头或空地，根据需要挖长宽适当、深 1.5～2 米的坑，将鸡粪倒入其中并按 1％～2％混入石灰粉，接着用黄稀泥封住整个坑面（厚 1 厘米以上），如能用厚塑料薄膜覆盖整个坑面并用土埋封四周更好。经过 15～20 天自发高温发酵处理，可达到灭菌、去臭等效果。

（2）池式发酵法 发酵池要建造在距鸡场 500～1 000 米以外的地方。发酵池应按照需求，在地面挖长方形或正方形，底部和四壁砌砖并抹上水泥（也可造地上池，但造价更高），可有效防止鸡粪及发酵液体对地下水和土壤的污染。处理时，将鸡粪倒满池子并混入 1％石灰粉，再用厚塑料薄膜或黄稀泥封严池面，发酵 15～20 天。

3. 异位发酵床模式 在鸡舍外建造以通透性和吸水性较好的原料（如锯木屑、稻壳、蘑菇渣、粉碎农作物秸秆等）作为载体的发酵床，用来处理发酵降解鸡粪污，即为"异位发酵床"。床宽一般为 3.0～4.0 米，为保证发酵效果，高度为 0.8～1.2 米，长度以 60～90 米为宜，床体总体积应根据鸡饲养总量确定，一般以每存栏 100 只蛋鸡 0.75～1.0 米^3 为佳。发酵床为长方形，在污道一侧设出料口，并安装闸板，另外三边为水泥砂浆砖墙、水泥墙面，在纵向两侧墙体顶部安装轨道，轨道上安装旋翻机，床底为防渗漏混凝土地面。小型单个发酵床可在上方 1.8～2.2 米处设置防雨顶棚，严防因雨水进入造成湿度过大形成"死床"，两侧安装塑料薄膜卷帘，用于防雨雪进入和冬天发酵床保温。

技术要点：发酵床载体配比以 60％锯木屑：40％稻壳，或 60％锯木屑：20％稻壳：20％蘑菇渣为宜，其碳氮比控制在（40～70）：1，碳磷比控制在（75～150）：1，pH 调节为 5.5～9.0 为佳；菌种应选择耐 75℃高温、易生长且繁殖快、纤维素酶活性低的复合菌种；初次使用时在床体表面均匀喷洒菌种，添加量为 10克/米²，用旋翻机将菌种和床体充分混合，再喷洒粪污，床体开始发酵；小型发酵床每 2～3 天喷洒一次粪污；床体每天旋翻 2～3次，发酵时床体水分控制在 45％～55％；鸡粪应保持 6％以上才能保证床体有较好发酵效果。

这种方式一次性投资少、运行成本低、发酵效果好，通过鸡粪全量进床发酵降解，真正做到"零排放"。但占地面积大，需要专人负责日常管理，严格控制每次喷洒量，及时添加载体和菌种，定时旋翻，严防发生"死床"。因鸡粪中铜、锌、锰等重金属含量较高，发酵过程不能降解重金属，长期反复使用会造成床体重金属积累，用作肥料时导致农作物重金属超标，一次一般以使用 2～3 年为宜。

采用深 0.5～0.7 米集粪沟以"水泡粪"形式收集鸡粪的小型养鸡场（户），消纳地紧张、鸡粪处理困难，可使用该模式；也可用于中小规模较多的畜禽养殖密集区，由第三方建造发酵床处理车间，专门收集处理畜禽粪便，对养殖户畜禽粪便实行"统一收集、集中处理"。

三、鸡粪的黑水虻养殖利用

鸡粪的黑水虻处理方法是指将鸡粪经过预处理后，在适当的环境条件下，经过黑水虻吞食过腹处理，生成高蛋白昆虫和有机肥料的过程。从鸡粪的预处理到黑水虻养殖获得高蛋白昆虫和有机肥料的工艺流程如图 5-1 所示。

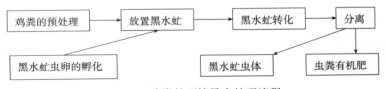

图 5-1　鸡粪的环境昆虫处理流程

1. 鸡粪的预处理　主要是调节鸡粪的含水量至 70％左右，新鲜的鸡粪处理效果最好，同时添加辅料如麦麸、菌渣、牛粪等。

2. 黑水虻虫卵的孵化

（1）材料准备

①孵化盒　养殖盒、盆等塑料制或金属制容器。

②支架　避免卵与饲料的接触，支撑纱网和卵。

③纱网　目数为 40 目或 60 目，选用塑料或不锈钢材质的网；能够使卵均匀地平铺于上方，孵化的小幼虫及时掉落于食物中取食。

④孵化料　一般可使用麦麸或稻壳，也可用专用孵化料（或环保料）。

⑤虫卵　选用保质保量、孵化效率高的虫卵。

⑥其他　温度计、湿度计、孵化箱等控制温、湿度。

（2）具体操作方法

①调制孵化料　按照料水比为 2∶3，混合均匀。孵化的卵和料（干料）质量比例为 1∶20（如 100 克卵用料 2 千克）。

②放置虫卵　在孵化盒底均匀铺垫孵化料，再将纱网铺上，将虫卵均匀平铺于纱网上。然后将孵化盒放置在孵化箱内或适宜的环境中，并在孵化盒的四周撒上干的麸皮或稻壳，防止孵化的幼虫爬出。

③控制孵化条件　孵化的环境温度控制在 25～30℃，相对湿度大于 70％，3 天左右即可孵化。利用孵化箱孵化时，温度设置为30℃，相对湿度约 75％，2 天即可孵化，而且孵化率会相对较高。同一卵块的幼虫孵化时间非常接近，因此可以获得龄期非常一致的虫态。

④注意事项　卵最好不要存放，时间久会影响孵化率；虫卵比较脆弱，轻拿轻放，操作要规范；要保证孵化环境的整洁卫生，避免饲料、虫卵的污染而发霉；注意防止苍蝇污染饲料。

3. 鸡粪的转化处理　将黑水虻虫卵孵化后用麦麸饲养至 3 日龄幼虫，然后加入处理好的鸡粪进行转化。整个处理过程中环境温

度要求控制在 15～32℃，以 28～30℃为最佳，盒内食料温度为
30～32℃、环境相对湿度不低于 60％、盘内湿度不大于 80％，处
理时间 8～12 天，在适宜温度范围内处理速度较快，温度过高或过
低处理速度降低。每 24 小时投加一次食料。

4. **虫体和虫粪的分离**　黑水虻与食料残余的分离可通过两种
方法进行。

（1）自然迁出　黑水虻预蛹阶段有迁出食料的习性，因此在饲
养容器中设计若干有通道的出口，通道倾斜角度小于 15°，黑水虻
在夜晚时即能通过倾斜的通道自行迁出饲养盒，在通道出口放置容
器收集即能得到分离得十分干净的预蛹。

（2）筛分　黑水虻取食后期食物残余已经相当干燥，因此可以
根据饲料颗粒大小选择适宜的筛目，通过分离过大和过小的食物
块，也能得到含有少量杂质的黑水虻预蛹。

5. **产品的处理应用**　处理后的产品虫体可直接用于观赏鱼、
鸡、鸭等的养殖，也可作为蛋白源添加于饲料。虫粪经过发酵后可
用作有机肥。

6. **注意事项**

（1）黑水虻虽然抗逆性强，但不适宜的环境条件也会严重影响
黑水虻的发育和存活，因此需要尽可能避免粗放管理和饲养环节上
的疏忽。

（2）注意控制温、湿度。黑水虻幼虫对温、湿度非常敏感，温
度过低会导致取食量下降、发育缓慢，而在温度过高的情况下则会
发生幼虫停止取食、逃离行为。

（3）湿度过高时危害也大，除诱发病害外，沾湿的食料因透气
性差可导致幼虫死亡，而过于干燥则会影响幼虫的取食效率。

（4）黑水虻虽然在水中淹没数天也不会致死，但良好的透气性
对于黑水虻的养殖仍然是非常重要的，在透气性不良、环境温度过
高的情况下，会发生黑水虻幼虫集体逃离现象。

（5）黑水虻幼虫富含抗菌肽，但在高温高湿及饲料成分过于单
一的情况下，容易患软腐病，防治方法是保持饲养环境的通风透

气，并在饲料中添加适量的植物材料（瓜果蔬菜类）。

（6）成虫与幼虫饲养室应有防护措施，防止鸟类等天敌的偷食。

四、鸡粪的利用

1. 直接还田利用　直接还田利用就是将从鸡舍清理出的鸡粪收集于贮粪槽或堆粪场，经堆积自然发酵成传统农家有机肥，再根据农作物生长施肥需要，实行"定期施肥还田"。这是一种典型传统、经济有效的好氧静态堆肥处理模式。其主要技术要点如下：

（1）配套贮存设施要足够　养鸡场（户）应建有配套堆粪场或贮粪槽等贮存设施，大小要满足贮存养殖场6个月鸡粪量。

（2）贮存发酵时间要充足　为能有效杀灭病原微生物，贮存时间应不少于2个月。因此，应根据贮存半年鸡粪量总容积，将贮存设施分为2～3个独立单元，进行轮回循环贮存发酵。

（3）配套消纳地要稳定　根据"就地处理、就近消纳"原则，在鸡场周边或附近落实稳定配套农田消纳地。

（4）施肥要科学合理　应根据土壤肥力、作物品种，合理确定施肥量。为防止施肥过程中对环境造成二次污染，还应注意施肥方法，实行科学施肥。如基肥大田和蔬菜应采用撒施、条施（沟施）和穴施，多年生果树应采用环状施肥。

2. 专业肥料化利用　即由专业肥料企业以鸡粪为主要原料生产生物有机肥，实现肥料化利用。其生产工艺是，小型养殖场利用专用运输车辆将鸡粪收集运至肥料生产厂，生产厂根据鸡粪含水率和有机肥生产要求，按比例加入草木灰、菌菇渣、谷糠、碎农作物秸秆、干粪等有机物调节水分和碳氮比，增加通气性，接入专用微生物菌种和酶制剂，并配备专用设备，进行匀质、发酵、翻抛、干燥。

3. 发酵后用作动物饲料　由于鸡的消化道很短，仅为其体长的7倍，因此饲料在鸡消化道内存留的时间较短，消化吸收率很低，鸡粪中仍含有很多营养物质，经发酵后可作为其他动物的饲料。将鸡粪与秸秆粉、糠麸等混合，加入 0.25％微生态复合活菌制剂，根据不同条件和需要利用各种发酵容器和设施，采用不同的发酵方法对其进行微生态发酵处理，可以除臭灭菌、降低毒素、提高营养。根据不同的处理工艺生产的鸡粪饲料可分别用于饲喂猪、牛、羊和鱼等。

4. 蝇蛆和蚯蚓养殖

（1）利用鸡粪养殖蝇蛆　新鲜鸡粪经过发酵后可以进行蝇蛆养殖，使鸡粪中的粗蛋白、粗脂肪得到有效回收利用，减少对环境的污染；其主产物蝇蛆作为畜禽饲料，营养成分全面，营养价值高，其体内的活性成分可提高畜禽免疫力，降低发病率。

①鸡粪发酵　准备新鲜鸡粪、麦麸（玉米面）和发酵剂，配比为每 200 千克新鲜鸡粪、10～20 千克麦麸（玉米面），加发酵剂 1 千克。将发酵剂用水稀释，一部分拌到麦麸中，一部分直接拌到鸡粪中，最后将鸡粪和麦麸掺均匀，湿度控制在 50％左右。将掺匀后的鸡粪在事先选好的地点堆起来用塑料布遮盖，四周用砖块压上进行发酵，应避免太阳直射，一般发酵 3～10 天即可使用。具体时间视温度而定，温度高时发酵 3 天即可，温度低时应多发酵几天。

②养蛆　首先要确定养蛆的品种，选择不带病原体的健康亲本蝇（常用果蝇）放入，使其交配产卵。蝇蛆喜欢在温暖潮湿的环境里生活，因此，温度要保持在 25～33℃、相对湿度 75％左右为宜。

③分离　在适宜的环境里经过 4～5 天的培育，蝇蛆就长为成蛆。这时需要把蛆从鸡粪里分离出来才能喂鸡。可以用筛子分离，也可以根据蛆怕光的原理，在育蛆池上面约 1 米处，安上一个 100 瓦灯泡，蛆见到光就往下钻，一层一层扫去上面的粪便即可得到蛆虫。

④消毒　先用 0.1％的高锰酸钾溶液漂洗 10 分钟进行消毒灭菌，然后再作饲料使用。

⑤利用　消毒后的蛆虫可以用于饲喂鸡。15 日龄以上雏鸡才能喂；喂量开始宜少，逐渐增多；食入过量，可按饲料的0.01％～0.02％喂服干酵母；一般白天投食较好。养殖蝇蛆后的物料，可直

接用于养殖蚯蚓。

（2）利用鸡粪养殖蚯蚓　利用鸡粪来养殖蚯蚓就是通过蚯蚓采食各种有机废弃物，使其进入蚯蚓体内变成营养或者是成为蚯蚓粪便的过程，不仅能减缓鸡粪对环境的影响，同时也为培养蚯蚓提供了良好的养殖环境。蚯蚓粪便是一种含有许多微量元素和有益微生物的球形结构团粒，具有无味、灰色等特点，对于保证水分和营养的流失有很好的保护作用。

用单一种的鸡粪来培养蚯蚓效率很差。用鸡粪加入牛粪或羊粪制成鸡粪混合物养殖蚯蚓的话，培育结果远远超过在纯鸡粪中培养蚯蚓；鸡粪与秸秆和碎纸等进行预先堆制发酵后，再进行蚯蚓的培育是效率最高的一种配比方案。在鸡粪中加入 $40\% \sim 60\%$ 秸秆或其他基料再用微生物进行堆制发酵，发酵后送入蚯蚓养殖场即可进行蚯蚓养殖。养殖的蚯蚓可用于中药和保健品，蚯蚓也可作为优质高效饲料投喂鸡。蚯蚓粪便可制成优质复合肥或在饲料中添加制成颗粒饲料投喂动物，也可用袋装好做花肥出售。

5. 作为食用菌的基料加以利用　食用菌生产在农业有机废弃物循环利用中具有重要作用，鸡粪可与作物秸秆和锯末等混合作为基料，进行双孢菇、鸡腿菇、平菇、草菇等多种菌类的培养，其副产物菌渣可作为肥料，也可作为蚯蚓养殖的饲料或沼气发酵的原料。

（张颖　周永燚）

■ 专题三　病死鸡的无害化处理 ■

病死鸡必须妥善及时处理，防止造成二次污染。严禁随意丢弃，严禁出售或作为饲料再利用。病死鸡的无害化处理，应按照《病死及病害动物无害化处理技术规范》通过焚毁、化制、掩埋或其他物理、化学、生物学等方法进行，以彻底消除病害因素。

一、深埋法

深埋法是指按照相关规定，将病死鸡投入深埋坑中并覆盖、消毒，处理病死鸡的方法。适用于发生动物疫情或自然灾害等突发事件时病死鸡的应急处理，以及边远和交通不便地区零星病死鸡的处理。

1. 选址要求

（1）应选择地势高燥、处于下风向的地点。

（2）应远离学校、公共场所、居民住宅区、村庄、动物饲养和屠宰场所、饮用水源地、河流等地区。

2. 操作流程

（1）深埋坑体容积以实际处理病死鸡数量确定。

（2）坑的长度和宽度以能容纳侧卧之尸体即可，坑深不得小于2米，深埋坑底应高出地下水位1.5米以上，要防渗、防漏。

（3）坑底洒一层厚度为2～5厘米的生石灰或漂白粉等消毒药。

（4）将病死鸡投入坑内，最上层距离地表1.5米以上。

（5）掩埋后的地表环境应使用3％～5％的氢氧化钠液喷洒消毒。

（6）覆盖距地表20～30厘米，厚度不少于1～1.2米的覆土。深埋覆土不要太实，以免腐败产气造成气泡冒出和液体渗漏。

（7）深埋后，在深埋处设置警示标识。深埋后，第一周内应每日进行一次检查和消毒，第二周起应每周进行一次检查和消毒。深埋坑塌陷处应及时加盖覆土。

二、堆肥发酵法

堆肥发酵法是指以病死鸡尸体与秸秆、木屑等辅料分层堆置，利用微生物在一定温度、湿度条件下，发酵分解病死鸡尸体并产生的生物热，最终生成生物有机复合肥的方法。该方法利用病死鸡尸体为原料进行堆肥发酵，利用发酵产热杀灭大部分病原菌，并获得有机肥。其处理成本低，可以实现无害化、资源化，但是发酵周期长、占地面积大，还会产生污水、臭气等，需要配套相应的收集处理设施。

三、生物发酵无害化处理

该技术主要原理是利用微生物分解转化有机质的能力，通过微生物生长、繁殖、代谢分解病死鸡尸体，转化为有机肥料。

1. 病死鸡无害化处理池的建设　一般采用砖混结构，标准有效容积为 30 米^3，圆筒状、内部直径 2.5 米，深 4.0 米。如有必要，特殊区域可对上述参数做适当调整。

底部不浇筑水泥底板，在底部周围用钢筋水泥混凝土浇筑环形梁。凝固后机砖砌体（24 厘米墙）至地面后继续往上砌 1.5 米，内面不抹灰，顶部用钢筋水泥混凝土浇筑一个密闭顶盖，中部设置 3 米高的 PVC 通气管，地面部分设置直径 0.8 米的带门锁的投放口。

2. 病死鸡生物发酵无害化处理技术流程　生物无害化处理技术主要原料有病死鸡、鸡粪、废垫料、秸秆和菌种。技术流程包括选择高活性的微生物菌种进行菌种扩培、病死鸡的收集、粉碎与处理、混拌及水分的控制与调整、腐熟发酵、晾晒生产出有机肥半成品。

（1）菌种的选择　应选择性能高效、稳定的菌种，要求有效活菌数 2 亿个/克以上。发酵菌群以侧孢芽孢杆菌、枯草芽孢杆菌、地衣芽孢杆菌为主，还有酵母菌、乳酸菌等复合型菌种。

（2）菌种扩培　先取发酵原菌 1 千克菌种（活菌含量≥2 亿个/毫升），废垫料或稻壳粉约 250 千克，有废饲料的场（户）可添加 2～3 千克（无废饲料可根据含水率用湿鸡粪代替），一起混拌均匀，保证混拌后含水率为 40%～45%，湿度达不到时可适当喷洒部分清水，做成圆锥形堆体，覆盖塑料布或编织布静置 24 小时后打开测量温度。温度达到 30℃即可翻堆一次后装包作为菌种使用。如果测量温度没有达到 30℃以上可以翻堆后再用塑料布覆盖静置 24 小时后测量。混拌应彻底均匀，不应有生粪球。

（3）病死鸡收集　鸡舍内每天的病死鸡由鸡舍管理人员及时送

到鸡舍出粪口处进行微生物发酵处理。有条件的，可以利用强力破碎机进行粉碎后，进入生物发酵环节。

（4）混拌、水分的控制与调整　混拌主要原料包括病死鸡、鸡粪、秸秆和菌种等（平养场需加入废垫料）。加入鸡粪一起做堆发酵，可有效解决病死鸡单独发酵腐熟不均匀的问题；加入秸秆的目的是降低病死鸡及粪便的含水率，为菌种的生长繁殖提供一个适宜的湿度并满足好氧发酵所需要的透气性。可根据含水率适当添加作物秸秆。混拌发酵预处理含水率控制在 50％～55％ 之间，以手握紧成团、松开成散碎、手指缝隙略见有水渗出但不滴下为适宜。

（5）腐熟度要求　发酵 15～21 天后达标的半成品含水率一般在 35％～40％。达到手握紧成团、松开成散碎、手心略湿，感官判断颜色变成褐色或棕褐色，静置 24 小时后，扒开表层可见菌丝生长，略带酒香味和泥土的气味；各类病原微生物和病毒被杀灭。

3. 消毒

（1）病死鸡无害化处理池外表面及其处理场地，每天至少消毒一次，可采用下列之一的方法喷洒消毒：①氯制剂按 1∶500 稀释喷洒；②氧化剂类（如过氧乙酸）按 0.1％～0.5％ 浓度喷洒；③季铵盐类按 1∶600 稀释喷洒；④漂白粉按 10％～20％ 混悬液喷洒或直接干剂撒布。

（2）在病死鸡的收集、处理、场地消毒过程中应穿防护服，防护服应每日浸泡消毒一次，可采用下列方法浸泡消毒：季铵盐类 1∶600 稀释液浸泡 10 分钟以上，或 0.05％～0.2％ 过氧乙酸溶液浸泡 10 分钟以上。

4. 生物发酵无害化处理技术注意事项

（1）发酵病死鸡时，需要使用扩培好的菌剂，并与发酵基质和病死鸡混合搅拌均匀。

（2）平养场在进行病死鸡生物发酵无害化处理时，利用平养场鸡舍内的垫料添加菌种制作发酵原料，每 10 000 只鸡准备 2 米³ 垫料，原料含水率一般为 35％～40％，下层铺设 20～30 厘米，中层铺放粉碎的病死鸡，上层覆盖 20～30 厘米基质料确保病死鸡全部被覆盖。

（3）环境温度低，堆体升温慢或高温维持时间短时可根据实际情况适当补充菌剂。

四、集中无害化处理

有病害动物集中无害化处理场的，养鸡场（户）应将病死鸡运送至集中无害化处理场进行处理。化制法处理病死鸡后，能够得到油脂、骨粉，化制残渣可制作有机肥；利用堆肥发酵法对病死鸡进行堆制，通过微生物降解后可得到堆肥产品；高温生物降解 48 小时可分解病死鸡尸体并将其变成有机肥料。

（孙冬冬）

图书在版编目（CIP）数据

散养鸡绿色高效养殖技术/梁智选主编 . —北京：中国农业出版社，2022. 11

（视频图文学养殖丛书）

ISBN 978-7-109-30101-6

Ⅰ . ①散… Ⅱ . ①梁… Ⅲ . ①鸡—饲养管理 Ⅳ . ①S831. 4

中国版本图书馆 CIP 数据核字（2022）第 180054 号

中国农业出版社出版

地址：北京市朝阳区麦子店街 18 号楼

邮编：100125

责任编辑：武旭峰　弓建芳

版式设计：杨　婧　责任校对：吴丽婷

印刷：北京通州皇家印刷厂

版次：2022 年 11 月第 1 版

印次：2022 年 11 月北京第 1 次印刷

发行：新华书店北京发行所

开本：880mm×1230mm　1/32

印张：6

字数：180 千字

定价：36. 00 元
